U0338330

国家自然科学基金重点基金项目(51972337)资助

新型搅拌装置在混凝土制备中的理论与实践研究

刘丽丽　著

中国矿业大学出版社
·徐州·

内 容 简 介

使用混凝土固和储存 CO_2,极大地拓宽了混凝土科学的研究领域,为解决当前面临的环境问题提供了全新的思路。本书介绍了一种新型混凝土搅拌装置,进行了多项工作性能和力学性能测试,探究了该装置工作下搅拌速率、水灰比、减水剂种类及添加顺序对新拌水泥浆体吸收 CO_2 速率和极限吸收量的影响规律。又在装置中引入超声波振动,以进一步提升水泥浆体吸收 CO_2 的能力。同时,结合 SEM、XRD、EDS 等多种检测手段,从微观和宏观两个层面建立基于水泥浆流变学的三维微观结构模型、分子结构模型及其改进模型,深入揭示新拌混凝土吸收 CO_2 的作用机制。

本书适用于机械工程和材料工程专业学生及科技工作者学习参考。

图书在版编目(C I P)数据

新型搅拌装置在混凝土制备中的理论与实践研究/
刘丽丽著. —徐州:中国矿业大学出版社,2024. 7.

ISBN 978-7-5646-6340-7

Ⅰ. TU64

中国国家版本馆 CIP 数据核字第 2024127KW5 号

书　　名	新型搅拌装置在混凝土制备中的理论与实践研究
著　　者	刘丽丽
责任编辑	陈　慧
出版发行	中国矿业大学出版社有限责任公司
	(江苏省徐州市解放南路　邮编221008)
营销热线	(0516)83885370　83884103
出版服务	(0516)83995789　83884920
网　　址	http://www.cumtp.com　E-mail:cumtpvip@cumtp.com
印　　刷	苏州市古得堡数码印刷有限公司
开　　本	850 mm×1168 mm　1/32　印张 8　字数 208 千字
版次印次	2024 年 7 月第 1 版　2024 年 7 月第 1 次印刷
定　　价	32.00 元

(图书出现印装质量问题,本社负责调换)

前　言

CO$_2$养护混凝土是目前利用混凝土吸收 CO$_2$ 的主要手段。然而,由于混凝土质地密实,CO$_2$ 扩散时间长,且随着反应进行,生成产物在混凝土外部不断堆积,导致混凝土对 CO$_2$ 吸收能力及效率大大降低。因此,如何实现混凝土对 CO$_2$ 的快速高效吸收是混凝土固碳研究中的难题。

本书研制了一种新型混凝土机械搅拌装置,首先,研究机械搅拌下搅拌速率、水灰比、减水剂种类及添加顺序对新拌水泥浆体吸收 CO$_2$ 速率和极限吸收量的影响规律;然后,在此基础上引入超声波振动,根据其特性及工作原理,进一步提高混凝土吸收 CO$_2$ 能力。同时,利用 SEM、XRD 以及 EDS 等多种测试手段,基于微观和宏观视角,建立基于水泥浆流变学的三维微观结构模型、分子结构模型及其改进模型,深入揭示新拌混凝土吸收 CO$_2$ 作用机制。具体研究内容如下:

(1) 新型混凝土吸收 CO$_2$ 搅拌装置研制

研制了一款混凝土吸收 CO_2 搅拌装置。为了提高新拌水泥浆体对 CO_2 的吸收效率和数量,这款机械搅拌装置采用了强制混合方式,通过搅拌器的旋转和刮板的作用,将水泥浆体中的气体进行充分混合和分散,从而提高 CO_2 在溶液中的接触面积,增加其吸收量。同时,在机械搅拌过程中,控制搅拌头的转动速度和混合时间等参数,以达到最佳的吸收效果。

(2) 新拌水泥基材料吸收 CO_2 性能研究

研究了多因素条件下(搅拌速率、水灰比、减水剂种类及添加顺序等)新拌水泥浆体吸收 CO_2 速率和极限吸收量影响规律;利用 SEM、XRD 和 EDS 等测试手段,研究水泥浆体形貌特征及成分变化规律。同时,建立在不同减水剂作用下新拌浆体微观结构模型,揭示减水剂与 CO_2 在水泥浆体中共同作用的机理。

(3) 超声振动搅拌提升水泥浆体 CO_2 吸收效率研究

为进一步提升 CO_2 吸收效率,对机械搅拌装置进行改造,制备了基于超声振动的新型搅拌装置。通过试验确定最佳超声频率,研究超声振动作用下新拌水泥浆体 CO_2 吸收速率、CO_2 吸收量、流动度和孔隙率的变化规律,进一步揭示超声振动对水泥浆体工作性能和力学性能的影响规律。最后,结合微观和宏观结构特征,深度解析超声波对水泥絮凝体以及溶液晶体粒度的影响规律,建立微观分子结构模型,揭示超声振动下水泥水化机理。

(4) 吸收 CO_2 水泥浆体流变性能研究

通过研究悬浮液屈服应力、塑性黏度及初凝时间等流变参数,开展超声振动和高效减水剂协同作用下水泥浆体吸收不同量 CO_2 对其流变性能影响规律研究。同时,建立了适用于超声振动下吸收 CO_2 水泥基材料超声流变模型。通过 SEM 研究加入减水剂的水泥浆体微结构特征,揭示在超声振动和减水剂作用下水泥浆体流变性能作用机理,建立流动模型。最后,建立分子尺度下微观结构模型,研究 CO_2 和减水剂分子结构及在 C-S-H 凝胶内加入 CO_2 后结构内分子间斥力变化、内部动能、内部势能、内部压力以及径向分布函数规律,进一步揭示新拌浆体流变性能作用机理。

(5) 吸收 CO_2 水泥浆体抗碳化性能研究

通过测定吸收 CO_2 水泥浆体胶砂试块不同龄期的碳化深度,系统研究了超声振动和机械搅拌下吸收不同量 CO_2 水泥胶砂在不同龄期内碳化深度及 pH 值变化区碳化规律,并结合 XRD 和 SEM 等分析测试手段,揭示水泥浆体微观结构特征、成分变化规律及碳化过程,建立抗碳化机制模型,深入揭示其抗碳化变化机理。

本书内容研究过程中参考了许多文献,在此,向所有文献资料的作者表示衷心感谢!

限于著者水平,书中还存在许多不足之处,恳请读者批评指正。

著 者

2024 年 4 月

目　录

1　引　言

1.1　背景及意义

　　随着经济的快速发展和工业化进程的加速,全球对化石燃料的依赖程度不断增长,这直接导致大气中 CO_2 浓度快速上升。CO_2 是温室气体的主要成分之一,其增加会导致地表平均温度上升、海水温度升高等影响,从而加速极地冰冠和高山冰川融化,进而导致海平面上升。有关专家指出,如果不采取有效措施,海平面仍将保持持续上升趋势,这将对人类生活产生巨大影响和灾难,许多岛屿和海滩即将消失,地下水上涨,供水管道系统遭到损坏,破坏港口设施与建筑物,尤其在沿海地区,人类面临极大的挑战。

　　随着全球工业化进程的加速和城市化建设的不断推进,混凝土作为一种广泛应用的建筑材料,其需求量持续增加。然而,传统混凝土生产过程中存在着诸多问题,如能源消耗大、环境污染严重等。在当前全球对环境保护和可持续发展日益重视的背景下,寻找更加环保、高效的混凝土制备方法成为当务之急。混凝土在生产和使用过程中会产生大量的 CO_2 排放,对全球气候变化产生了严重的负面影响。为了减少混凝土行业的碳排放,国内外学者一直在探索各种创新技术。其中,利用混凝土吸收 CO_2 的方法引起了广泛关注。新拌混凝土可以吸收固化大量 CO_2 气体,此

过程把 CO_2 和混凝土融为一体,把回收水泥厂和燃煤厂排放的 CO_2 废气直接灌入新拌混凝土中。该过程绿色无污染,实现了碳的循环利用,是一种新型、高效、彻底的固碳方式。

目前常见的 CO_2 存储方法及其缺点如下:① 地质封存:存在泄漏风险,储层应力场改变以及天然裂缝、断层等地质结构的存在,可能导致 CO_2 泄漏。② 矿物封存:反应速度慢,CO_2 与含镁和钙的矿物发生化学反应转化为稳定的固体碳酸盐的过程通常较为缓慢,限制了其在大规模 CO_2 封存中的应用效率。③ 海洋封存:安全性问题突出,将 CO_2 封存在海洋中,可能会因海洋环境的变化(如海洋环流、海底地震等)或人为因素导致封存设施损坏,使 CO_2 泄漏到海洋中,对海洋生态系统造成严重破坏。④ 森林固碳(生物固碳的一种方式):效果受多种因素影响,树木的生长速度、森林的面积和质量、森林生态系统的稳定性等都会影响其固碳效果。综合以上分析,虽然许多学者在 CO_2 存储方面进行了大量探索和研究,并取得了一定的成果,但仍存有诸多问题亟待解决。

混凝土作为广泛应用的建筑材料,其与 CO_2 的相互作用机制一直是学术界关注的焦点。通过对新型搅拌装置的深入研究,可以更加全面、细致地了解混凝土与 CO_2 之间复杂的反应过程和机理。

在反应过程方面,新型搅拌装置能够促使 CO_2 更充分地与混凝土中的各种成分接触,从而加速反应的进行。研究人员可以通过对不同搅拌条件下反应进程的监测,分析 CO_2 的渗透路径、反应速率的变化规律以及不同阶段产物的形成特点。例如,在搅拌过程中,CO_2 是如何逐渐扩散进入混凝土内部的?哪些成分最先与 CO_2 发生反应?反应过程中是否存在中间产物?这些问题的解答将为进一步优化混凝土的配方和制备工艺提供关键的理论依据。

在反应机理方面,新型搅拌装置的应用有助于揭示混凝土与

CO_2反应的本质。通过对反应前后浆体微观结构的观察和分析，可以深入了解 CO_2 与混凝土中水泥水化产物、矿物掺合料等成分之间的化学反应机制。例如，CO_2 是如何与 $Ca(OH)_2$ 反应生成 $CaCO_3$ 的？这种反应对混凝土的强度、耐久性等性能有何影响？同时，新型搅拌装置还可以为研究其他可能的反应途径提供条件，如 CO_2 与铝酸盐、铁酸盐等成分的反应。这些研究成果将为开发更加高效的混凝土吸收 CO_2 技术奠定坚实的基础。

新型搅拌装置为混凝土科学带来了全新的研究视角和方法，具有重大的理论价值。从研究视角来看，传统的混凝土研究主要集中在强度、耐久性、工作性能等方面，新型搅拌装置的出现使得研究人员开始关注混凝土在吸收 CO_2 过程中的性能变化。这不仅拓宽了混凝土科学的研究领域，还为解决当前面临的环境问题提供了新的思路。例如，通过研究混凝土吸收 CO_2 后的体积变化、热性能变化等，可以为设计更加节能环保的建筑结构提供理论支持。

从研究方法来看，新型搅拌装置为混凝土的研究提供了新的手段。传统的混凝土研究方法往往难以直接观察到混凝土与 CO_2 的微观反应过程，而新型搅拌装置可以结合先进的测试技术，如扫描电子显微镜、X 射线衍射、热重分析等，对反应过程进行实时监测和分析。这将有助于揭示混凝土在吸收 CO_2 过程中的物理、化学和力学变化，为深入理解混凝土的性能提供更加准确的数据和理论模型。

1.2　研究现状及分析

1.2.1　研究现状

（1）国外研究现状

① 技术研发方面

国外在混凝土吸收 CO_2 技术方面已经开展一些研究,并设计制造了实验室使用的搅拌装置。这些装置在一定程度上提高了混凝土吸收 CO_2 的效率,但仍存在一些局限性,如成本较高、操作复杂、难以大规模应用等。部分研究团队专注于改进搅拌装置的结构设计,以增强 CO_2 与混凝土的混合效果。例如,采取使用特殊形状的搅拌叶片或增加搅拌轴转速等措施,试图提高反应速率。

② 机理探索方面

全球混凝土使用量巨大,如果在其制备过程中加入 CO_2,不仅固碳而且提高了混凝土的性能,该技术最初的提出,就是使用 CO_2 养护来加固混凝土。其原理是混凝土内部含有未水化的水泥颗粒,并且含有一定的水分,这些未水化的水泥颗粒会与 CO_2 发生反应,从而促进混凝土的硬化和固化。水化硅酸钙凝胶并不会存在很久,因为 CO_2 会使其迅速被分解,即得到碳酸钙和硅胶。总反应式如下:

$$n\text{CaO} \cdot \text{SiO}_2 + n\text{CO}_2 + x\text{H}_2\text{O} \longrightarrow \text{SiO}_2 \cdot x\text{H}_2\text{O} + n\text{CaCO}_3$$

$$(1\text{-}1)$$

这个反应式揭示了 CO_2 养护过程中主要的化学反应,即未水化的水泥颗粒与 CO_2 发生反应,随后生成固态的碳酸钙。

另外,国外学者又对混凝土在搅拌过程中吸收 CO_2 的机理进行了深入研究。他们通过试验分析和理论推导,揭示了 CO_2 与混凝土中不同成分的反应过程,确定了 CO_2 与 $Ca(OH)_2$ 反应生成 $CaCO_3$ 的具体条件和影响因素,以及该反应对混凝土强度和耐久性的作用机制。同时,也在探索其他可能的反应途径,如 CO_2 与铝酸盐、铁酸盐等成分的反应。

③ 应用拓展方面

一些国外研究机构尝试将混凝土吸收 CO_2 技术应用于实际工程中,虽然目前还处于小规模试验阶段,但已经取得了一些初步成果。例如,在某些特定的建筑项目中,使用经过 CO_2 处理的混凝土。同时,也在探索该技术在其他领域的应用潜力,如海洋工程、地下工程等。

（2）国内研究现状

① 技术空白

国内对该特定领域的关注度相对较低。在众多的科研方向中,混凝土吸收 CO_2 这一细分领域并未引起人们足够的重视。混凝土作为一种广泛应用的建筑材料,其传统的性能研究如强度、耐久性等一直是研究的重点,而对于其在吸收 CO_2 方面的潜力挖掘则相对滞后。同时,新型搅拌装置的研发需要跨学科的知识和技术,涉及材料科学、机械工程、化学工程等多个领域,这也增加了研究的复杂性和难度,使得一些科研机构和人员在选择研究方向时有所顾虑。

② 潜在需求

随着我国对环境保护和节能减排要求的不断提高,以及对绿色建筑材料需求的日益增长,国内对可促进混凝土吸收 CO_2 的新型搅拌装置有巨大的潜在需求。建筑行业迫切需要一种能够有效降低碳排放的技术,以满足可持续发展的要求。

③ 研究起步迹象

尽管整体研究处于空白,但近年来,国内一些高校和科研机构开始关注混凝土吸收 CO_2 的技术,并在相关领域进行了一些初步的探索。例如,有学者对国外的研究成果进行了分析和借鉴,提出一些关于国内开展该领域研究的思路和建议。也有部分企业开始关注这一技术的发展趋势,为未来的研发和应用做准备。

1.2.2　现状分析

（1）优势分析

① 市场需求大

我国作为世界上最大的建筑市场,对混凝土的需求量始终处于高位且持续增长。在这样的大背景下,新型搅拌装置无疑将具有极为广阔的市场前景。一方面,新型搅拌装置能够提升混凝土的生产效率和质量,满足大规模建设对混凝土快速供应和高性能的要求;另一方面,新型搅拌装置在促进混凝土吸收 CO_2 方面具有独特优势,对于减少混凝土生产过程中的碳排放、实现绿色建筑具有重大意义。

② 技术创新潜力大

国内在混凝土吸收 CO_2 技术的研究方面处于起步阶段,可为科研人员提供广阔的发展空间。科研人员应充分发挥创造力,勇于探索、敢于创新,开发出具有自主知识产权的先进技术,为国内建筑行业的可持续发展和全球环境保护事业贡献力量。

(2) 劣势分析

① 技术基础薄弱

目前,国内在新型搅拌装置用于混凝土吸收 CO_2 这一领域的技术基础相对薄弱,与一些技术较为成熟的领域相比,存在着明显的差距。在该特定领域中,国内缺乏相关的研究经验和技术积累,这在很大程度上制约了国内在此方面的发展。由于缺乏前期的研究经验,国内科研人员在探索的过程中往往缺乏明确的方向指引,很容易走弯路或者陷入技术困境。这不仅增加了研发的时间成本,也降低了研发的效率。

② 资金投入不足

目前国内对新型搅拌装置用于混凝土吸收 CO_2 这一领域的研究投入相对较少,资金不足不仅限制了研究的深度和广度,还严重影响了科研人员的积极性和创新能力。为了改变这一现状,政府、企业和社会各界应加大对该领域的研究投入,为科研人员创造良好的研究条件,激发他们的积极性和创新能力,推动该领域的快速发展。

③ 人才短缺

目前国内在这方面的人才相对短缺，难以满足研究的需要。一方面，由于这一研究领域涉及多个学科，对人才的专业知识和综合能力要求较高，既需要具备扎实的专业基础知识，又需要有跨学科的思维和合作能力。目前，国内的教育体系在培养跨学科人才方面还存在一定的不足，导致符合要求的专业人才数量有限。另一方面，新型搅拌装置在混凝土制备中的研究属于前沿领域，目前国内对这一领域的关注度还不够高，相关的科研项目和企业投入相对较少，这也影响了人才的培养和引进。

（3）机遇分析

① 政策支持

我国大力推进生态文明建设，对环境保护和节能减排提出了更高的要求。新型搅拌装置的研发符合国家政策导向，必将得到政策支持。这将为新型搅拌装置的研发和应用提供有力的保障，推动我国混凝土行业的绿色发展，为实现我国生态文明建设目标作出更大的贡献。

② 技术发展趋势

随着科技的不断进步，新材料、新工艺、新设备不断涌现。这为新型搅拌装置的研发和应用提供了更多的技术选择和创新空间。例如，纳米材料、智能控制技术等的应用，将为提高混凝土吸收 CO_2 的效率和性能提供新的途径。

③ 国际合作机会

国外对混凝土吸收 CO_2 技术的研究也在不断深入，我们可以积极开展国际合作，引进国外先进技术和经验，共同推动该领域的发展。同时，也可以通过国际合作，提高国内研究水平和影响力。

（4）挑战分析

① 技术难题

新型搅拌装置的研发和应用面临着诸多技术难题,如如何提高 CO_2 与混凝土的混合效果、优化装置的结构设计、控制反应过程等。这些技术难题需要科研人员进行深入研究和不断探索,才能找到有效的解决方案。

② 成本控制

制造新型搅拌装置的成本较高是制约其大规模应用的一个重要因素。如何降低装置的制造成本、提高生产效率,是需要解决的关键问题。同时,也需要考虑 CO_2 的回收成本和运输成本等因素,以确保该技术在经济上具有可行性。

③ 市场接受度

由于新型搅拌装置和混凝土吸收 CO_2 技术还处于发展阶段,市场对其认知度和接受度相对较低。如何提高市场对该技术的认可和接受度,是推广应用的一个重要挑战。需要通过加强宣传、开展示范工程等方式,让市场了解该技术的优势和价值。

1.3 研究工作

1.3.1 研究目标

本书基于提高混凝土对 CO_2 吸收能力的目的,设计一种能够大幅提升新型水泥浆体吸收 CO_2 效率和吸收量的搅拌装置。这种装置利用超声波的特殊物理特性,能够促进混凝土搅拌过程中 CO_2 与水泥浆体的充分接触和反应,比传统的搅拌装置有更高的效率和更强的性能,可以显著提高混凝土对 CO_2 的吸收能力。

进行工作性能和力学性能测试,评估这一新型装置的性能。根据测试结果分析,不断优化装置的设计参数和操作流程,以实现最佳的吸收效果。同时,探究不同因素对混凝土吸收 CO_2 性能的影响,分析混凝土吸收 CO_2 的机理,为优化混凝土配方和搅拌工艺提供科学依据。

1.3.2　研究内容

本书研究的根本目的是促进混凝土吸收 CO_2 的效率和抗碳化性能。具体研究内容包括：

（1）设计研发了一款混凝土机械搅拌装置。这款机械搅拌装置采用了强制混合方式，通过搅拌器的旋转和刮板的作用，将水泥浆体中的气体进行充分混合和分散，从而提高 CO_2 在溶液中的接触面积，增加其吸收量。同时，在机械搅拌过程中，控制搅拌头的转动速度和混合时间等参数，以达到最佳的吸收效果。该机械搅拌装置操作简单、易于控制，适用于小型实验室和中小规模生产场景。

为了进一步提高 CO_2 的吸收，将超声波技术加入搅拌装置中，研制了超声振动搅拌装置。它同时利用了超声波的能量对水泥浆体进行搅拌和混合，通过控制声波的强度、频率和时间等参数，可以进一步提高混凝土 CO_2 吸收效率和吸收量。超声波搅拌装置具有无污染、无噪音、易于操作和调节等优点，在实际应用中具有广泛的应用前景。

（2）试验考察了机械搅拌下搅拌速率、水灰比、减水剂种类及其添加顺序等因素对水泥浆体吸收 CO_2 速率和极限吸收量的影响规律。同时，通过 SEM、XRD 和 EDS 等测试手段，分析新拌水泥浆体吸收 CO_2 后内部成分变化，研究减水剂与 CO_2 在水泥浆体中的共同作用机理，从而揭示减水剂影响水泥基材料基本性能的机理。

（3）利用超声搅拌装置，开展在超声振动作用下 CO_2 吸收速率和吸收量、混凝土浆体流动度和孔隙率的研究，揭示超声振动对混凝土浆体工作性能和力学性能的影响规律。同时，通过先进测试手段及仪器，分析其微观结构特征，深度揭示超声波对水泥絮凝体以及溶液晶体粒度的影响,并建立微观分子结构模型,揭示超声振动下水泥水化机理。

(4)通过研究吸收 CO_2 水泥浆体剪切应力的变化规律,建立适用于超声振动下吸收 CO_2 水泥浆体超声流变模型。进一步研究悬浮液屈服应力及塑性黏度等流变参数,并开展超声振动和高效减水剂作用下浆体吸收不同量 CO_2 对其流变性能的影响规律研究。此外,在微观分子结构模型基础上,重新建立高效减水剂和超声波作用下水泥浆体基于流变学的微观结构模型,同时结合水泥浆体初凝时间,进一步揭示新拌浆体流变性能作用机理。

(5)针对吸收 CO_2 水泥硬化体抗碳化性能研究,设计试验方案,制备不同龄期水泥胶砂试块,通过测试 pH 值和变化区碳化值,研究 CO_2 对其碳化深度的影响。同时,结合 XRD 和 SEM 等分析测试手段,揭示水泥浆体微观结构碳化过程,并建立抗碳化模型,深入揭示其抗碳化机理。

2 混凝土搅拌装置

2.1 现有混凝土搅拌装置的组成及分类

2.1.1 搅拌装置的组成

混凝土搅拌装置是将水泥、骨料、水、外加剂、掺合料等物料按照混凝土配比要求进行计量,然后经搅拌机搅拌成合格混凝土的成套设备,通称混凝土搅拌站(楼)。混凝土搅拌装置主要由物料运送设备、物料贮存设备、计量设备、搅拌设备及控制系统等组成。

2.1.2 混凝土搅拌装置的分类

(1) 按移动性分类

① 移动式搅拌站

这种搅拌站通常带有行走装置,可随时转移,机动性好,适用于一些临时性或移动性较强的工程项目,如道路、桥梁等。

② 拆迁式搅拌站

这种搅拌站是由几个大型组件拼装而成,能在短时间内组装和拆除,可随施工现场转移,适用于商品混凝土工厂及大中型混凝土施工工程。

③ 固定式搅拌楼

这是一种大型混凝土搅拌装置,生产能力大,主要用在商品混凝土工厂、大型预制构件厂和水利工程工地。

(2) 按生产工艺流程分类

混凝土搅拌装置按工艺布置形式可分为单阶式和双阶式两类(图 2-1)。

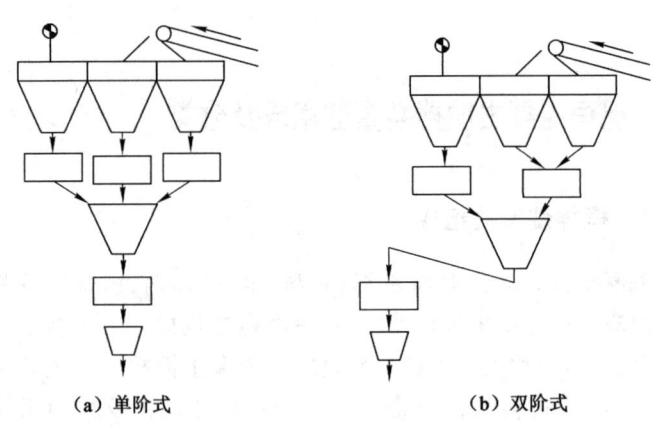

(a) 单阶式   (b) 双阶式

图 2-1 混凝土搅拌楼(站)工艺流程

① 单阶式

单阶式工艺中,材料经一次提升进入贮料斗中,然后靠自重下落经过各工序,由于从贮料斗开始的各工序完全靠自重使材料下落来完成,因此便于自动化。它采用独立称量,可缩短称量时间,所以效率高。单阶式本身占地面积小,所以大型固定式搅拌楼特别是为水利工程服务的大型搅拌装置一般都采用单阶式。在一套单阶式搅拌装置中安装 3～4 台大型搅拌机,每小时可生产数百立方米的混凝土。但单阶式搅拌楼的建筑高度大,要配置大型运输设备。

图 2-2 为单阶式搅拌楼工艺流程图,砂、石骨料装在置于地面

上的大型贮筒内,经水平、倾斜皮带输送机运送到搅拌楼最高点的回转漏斗中,由回转漏斗分配到预定的骨料贮存斗内。水泥由水泥筒仓经过一条由螺旋输送机和斗式提升机组成的封闭通道进入水泥贮斗,添加剂和搅拌用水通过泵送进入搅拌楼顶部的水箱和添加剂箱。计量开始后,砂石骨料、水泥、水、添加剂经各自的称量斗按预定的比例称量后进入搅拌机进行搅拌,搅拌好的混凝土被卸入搅拌楼底层的混凝土贮斗内,最后由混凝土贮斗将搅拌好的混凝土卸入混凝土运输机械中。

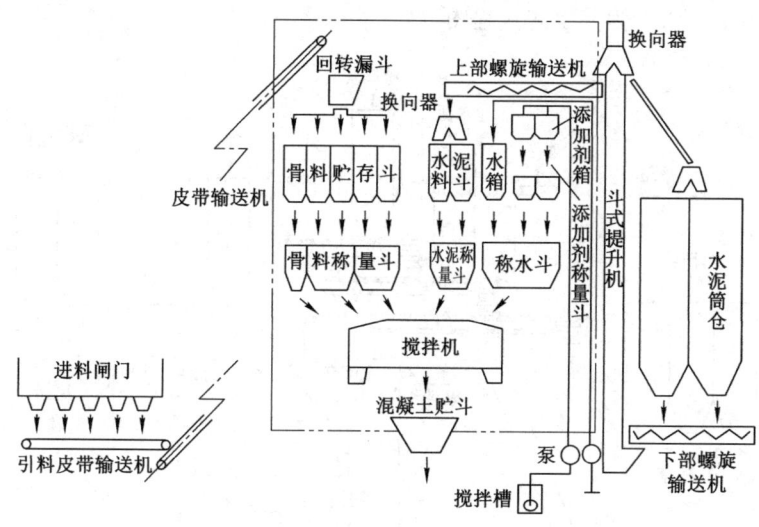

图 2-2　单阶式搅拌楼工艺流程图

② 双阶式(骨料提升两次或两次以上,称混凝土搅拌站)

双阶式高度小,只需用小型的运输设备,整套装置设备简单、投资少、建设快。在双阶式中因为材料配好集中后要经过两次提升,所以效率低。在一套装置中一般只能装一台搅拌机。双阶式一般自动化程度较低,往往是采用累计计量,并且由于建筑高度小,容易架设安装,因此拆装式的搅拌站都设计成双阶的,移动式搅拌站则必须采用双阶式工艺流程。

双阶式相对单阶式即使使用同样的搅拌主机其生产率也要低于单阶式。为了解决生产率及占用场地问题,目前较盛行的一种产品是介于单阶式和双阶式之间的搅拌装置,其特点是骨料计量后将配合好的骨料提升到搅拌机上方的集料斗内,当程序要求投料时,可立即将配合好的骨料投入搅拌机中,这样当配合好的骨料在集料斗中等待时,骨料计量可同时进行,从而提高了生产率。图 2-3 为其工艺流程图。

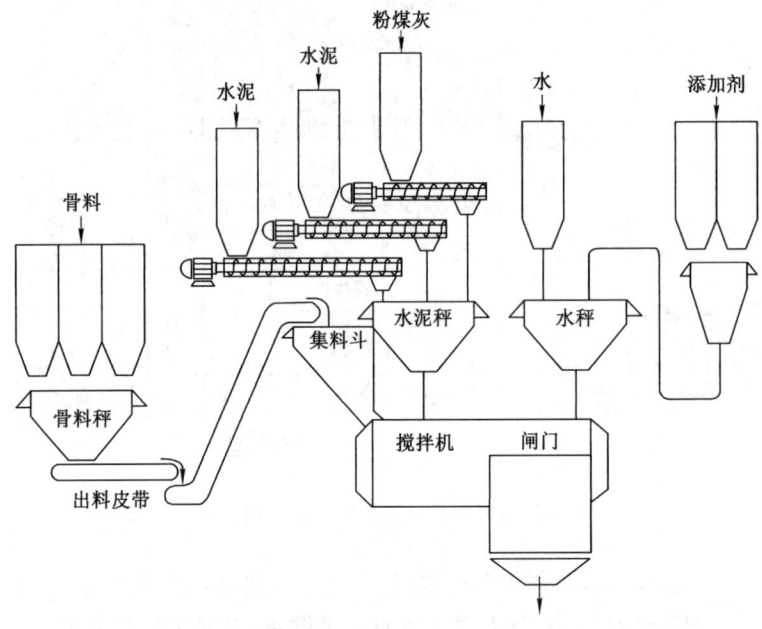

图 2-3　新型搅拌站工艺流程图

2.2　混凝土吸收 CO_2 搅拌装置的创新设计

不管是单阶还是双阶搅拌,目前现有混凝土搅拌装置都无法实现在搅拌混凝土的过程中对 CO_2 的吸收。为了解决混凝土吸收 CO_2 问题以及搅拌时长问题,本书设计研发了一款新型混凝土搅拌装置。以下是对该搅拌装置的详细介绍。

2.2.1　设计概述

本设计为一种新型混凝土搅拌装置,主要由支撑底座、固定座、搅拌组件、加热组件和加压组件等部分组成。其目的是通过温度和压力的双重催化作用,提高混凝土浆体的反应效率,解决传统搅拌过程中存在的搅拌时间过长、浆体融合不充分以及设备运行时间过长等问题。

2.2.2　各部分结构及功能

设备的结构如图 2-4 所示。

(1) 支撑底座与固定座

① 支撑底座Ⅱ用于支撑整个搅拌装置,确保其稳定性。

② 固定座固定在支撑底座Ⅱ上,为搅拌组件提供安装基础。

(2) 搅拌组件

① 搅拌桶:混凝土浆体进行搅拌的主要场所。搅拌桶套装在外筒中,与外筒之间绕有输水管,且两者之间填充有密封材料,防止漏水。搅拌桶上端有搅拌桶内壁螺纹,可与桶盖通过旋转螺纹连接。

② 桶盖:周边开设有旋转螺纹,与搅拌桶连接。桶盖轴心穿设有传动轴Ⅲ,上端连接电机Ⅲ,下端安装搅拌装置,用于对搅拌桶内的混凝土浆体进行搅拌。

③ 传动轴Ⅲ与搅拌装置：电机Ⅲ带动传动轴Ⅲ转动，从而使搅拌装置对混凝土浆体进行搅拌。搅拌装置安装在搅拌桶底部的搅拌底盘中心，与传动轴Ⅲ下端相抵。

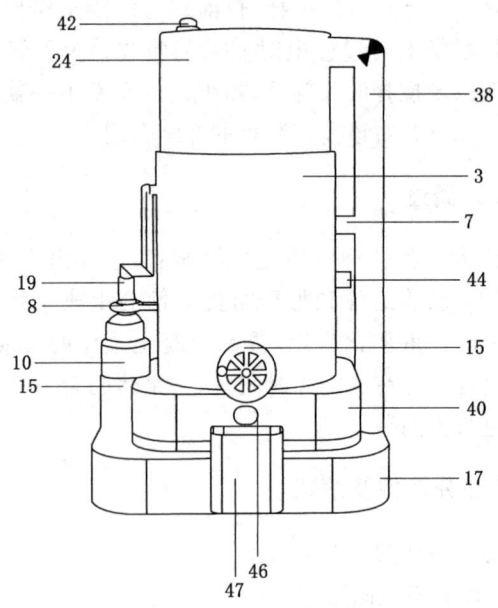

（a）立体结构发明的搅拌装置结构

1—进料口Ⅰ；2—进水管；3—外筒；4—搅拌桶；5—单向阀；6—输水管；7—通气管；8—固定卡扣；9—阀门；10—加温装置；11—搅拌底盘；12—底座网格纹；13—输水管；14—支撑底座Ⅰ；15—加温装置外壳；16—电源通道；17—支撑底座Ⅱ；18—出水管；19—阻断器；20—搅拌桶内壁螺纹；21—电机Ⅲ；22—密封装置Ⅰ；23—桶盖；24—支撑套；25—密封装置Ⅱ；26—传动轴Ⅲ；27—搅拌装置；28—搅拌叶片；29—出料口；30—搅拌装置配件；31—空心主齿轮；32—电机Ⅰ；33—传动轴Ⅰ；34—齿轮Ⅰ；35—电机Ⅱ；36—传动轴Ⅱ；37—齿轮Ⅱ；38—支撑架Ⅰ；39—支撑架Ⅱ；40—固定座；41—伸缩输料管；42—进料口Ⅱ；43—旋转螺纹；44—排气管；45—旋转把手；46—出料管；47—收集桶；48—紧定卡扣；49—旋转开关。

图 2-4 新型混凝土机械搅拌装置结构示意图

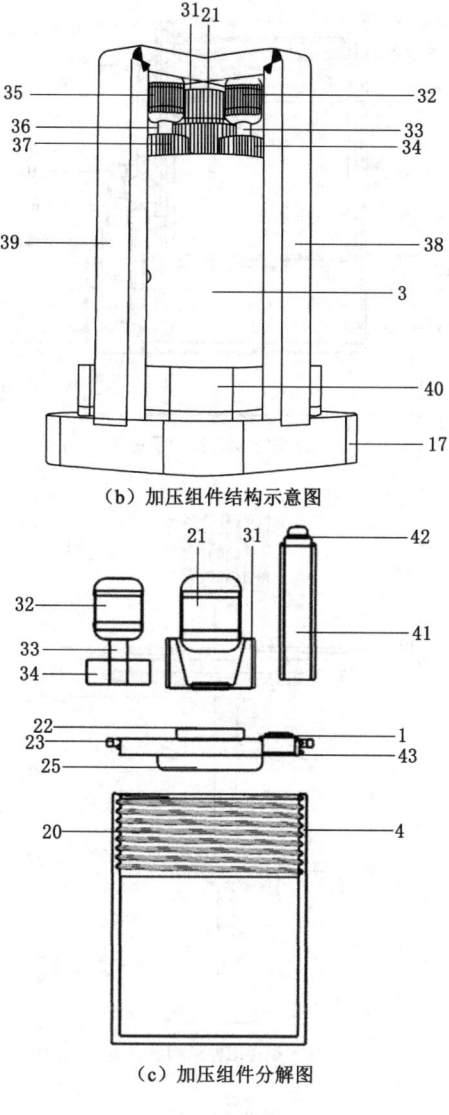

（b）加压组件结构示意图

（c）加压组件分解图

图 2-4 （续）

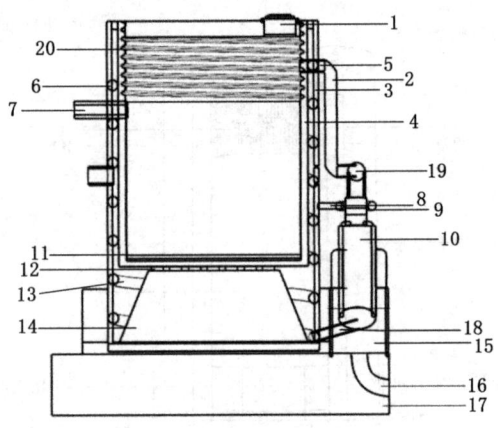

（d）加热组件结构示意图

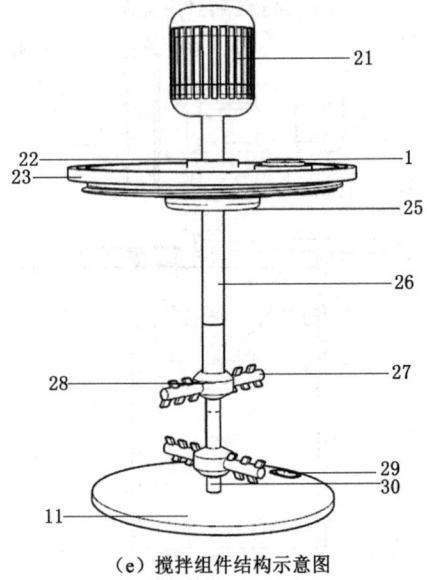

（e）搅拌组件结构示意图

图 2-4　（续）

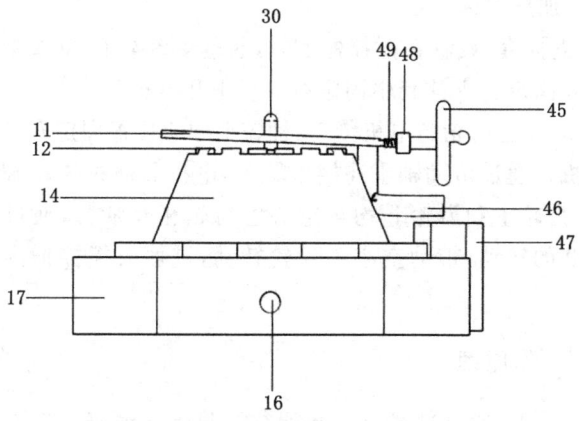

（f）搅拌组件的出料结构示意图

图 2-4 （续）

④ 出料口与出料管：搅拌桶底部的搅拌底盘倾斜布置，在最低位置开设出料口。出料口连接出料管，用于排出搅拌好的混凝土浆体。出料口与出料管之间连接有旋转开关，可通过旋转把手控制出料。

⑤ 进料口：桶盖上开设有进料口Ⅰ，安装有伸缩输料管，上端为进料口Ⅱ，方便向搅拌桶内加入混凝土原料。

（3）加热组件

① 外筒：安装在固定座上，搅拌桶套装在外筒中。外筒上端穿设有单向阀，下端穿设有出水管，与绕在搅拌桶与外筒之间的输水管连接。

② 加温装置：加温装置外壳固定在支撑底座Ⅱ上，其进水口连接出水管，出水口通过进水管连接单向阀。水在加温装置中被加热后，通过进水管、单向阀进入输水管，对搅拌桶进行加热，然后再通过出水管回到加温装置，形成循环加热系统。

（4）加压组件

① 支撑套：设置在搅拌桶上方，通过支撑架Ⅰ、支撑架Ⅱ与支撑底座Ⅱ固定。支撑套中固定有电机Ⅰ和电机Ⅱ。

② 空心主齿轮与电机传动：桶盖上中心位置固定有空心主齿轮。电机Ⅰ通过传动轴Ⅰ连接齿轮Ⅰ，电机Ⅱ通过传动轴Ⅱ连接齿轮Ⅱ，齿轮Ⅰ和齿轮Ⅱ均与空心主齿轮相互啮合，通过电机Ⅰ和电机Ⅱ的转动，带动空心主齿轮转动，进而对搅拌桶内腔施加压力。

2.2.3 工作原理

（1）首先，通过进料口Ⅰ和伸缩输料管将混凝土原料加入搅拌桶中。

（2）启动电机Ⅲ，带动传动轴Ⅲ和搅拌装置对混凝土浆体进行搅拌。

（3）同时，启动加温装置，加热后的水通过进水管、单向阀进入输水管，对搅拌桶进行加热，保证浆体反应的温度。加热后的水在输水管中绕搅拌桶流动后，通过出水管回到加温装置，形成循环加热。

（4）启动电机Ⅰ和电机Ⅱ，通过传动轴Ⅰ、齿轮Ⅰ、传动轴Ⅱ、齿轮Ⅱ与空心主齿轮的相互啮合，对搅拌桶内腔施加一定的压力，保证浆体反应的压力。

（5）在温度和压力的双重催化作用下，混凝土浆体的反应效率得到提高，缩短了搅拌时间，使浆体能够充分融合。

（6）搅拌完成后，通过旋转开关和旋转把手打开出料口，将搅拌好的混凝土浆体通过出料管排到收集桶中。

2.2.4 设计优势

（1）采用温度和压力双重催化式复合结构，提高了浆体反应效率。

（2）加热组件保证了浆体反应的温度,使反应更加充分。

（3）加压组件保证了浆体反应的压力,进一步促进了浆体的融合。

（4）解决了传统搅拌过程中的问题,避免了设备一次运行时间过长。

3 机械搅拌装置在混凝土制备中的运用研究

目前,通入 CO_2 是混凝土养护手段之一。然而,在混凝土的养护过程中,其对 CO_2 的吸收效率十分有限,因为试件已成型,内部结构密实,接触面积较小,扩散时间较长,导致混凝土吸收效率低,吸收量有限。如何有效提高新拌混凝土吸收 CO_2 的吸收效率是亟须解决的科学问题。本章利用发明的新拌混凝土机械搅拌装置,研究搅拌速率、水灰比和减水剂等因素对混凝土吸收 CO_2 速率和极限吸收量规律的影响,揭示上述因素对混凝土工作性能和力学性能的影响规律。

首先,通过试验探究搅拌速率、水灰比和减水剂等因素对混凝土吸收 CO_2 速率和极限吸收量的影响。结果表明:在适宜的搅拌速率下,混凝土的吸收效率和吸收量均能够明显提高;适当的水灰比可以使混凝土更好地吸收 CO_2,但是过高或过低的水灰比会影响混凝土的硬化和强度发展;适量掺入减水剂可以提高混凝土的流动性,从而增加其表面积,促进 CO_2 在混凝土中的扩散和吸收。

第二步,研究了不同搅拌速率、水灰比和减水剂条件下混凝土的工作性能和力学性能。试验结果显示:适宜的搅拌速率和水灰比可以明显提高混凝土的工作性能和力学性能,同时也能够增加混凝土的 CO_2 吸收量;减水剂的使用对混凝土的力学性能影响较小,但可以提高混凝土的流动性和可塑性,从而有利于 CO_2 的扩散和吸收。

最后,通过 SEM、XRD 和 EDS 等测试方法,观察了新拌水泥浆体内部成分变化,并揭示了减水剂与 CO_2 在水泥浆体中的作用机理。结果表明,减水剂的添加能够降低混凝土内部的孔隙度和孔径,从而增加混凝土的密实性和表面积,有利于 CO_2 在混凝土中的扩散和吸收。

3.1 试验材料及装置

3.1.1 原材料

试验所用的水泥为 P.O 42.5 普通硅酸盐水泥,由徐州中联水泥集团制备。其标准稠度需水量 28.1%,细度(0.08 mm 方孔筛余)1.02%,密度 3.14 g/cm³,比表面积 3 300 cm²/g,具体化学组成和矿物组成分别见表 3-1 和表 3-2。表 3-1 列出了该水泥的主要氧化物含量,包括 SiO_2、Al_2O_3、Fe_2O_3、CaO、MgO 等。这些氧化物对水泥的机械强度和耐久性有着重要影响。表 3-2 则列出了该水泥的主要矿物相组成,包括 C3S(三钙硅酸盐)、C2S(二钙硅酸盐)、C3A(三钙铝酸盐)和 C4AF(四钙铁铝酸盐)等。这些矿物相组成决定了水泥的水化反应过程和反应产物,进而影响混凝土的力学性能和耐久性。以上这些物理性质和化学组成的参数可以反映出该水泥的质量和性能,为后续试验提供重要基础数据。

表 3-1　试验用水泥的化学组成

化学成分	SiO_2	Al_2O_3	Fe_2O_3	CaO	MgO	f-CaO	烧失量
含量/%	22.1	5.34	3.44	65.3	2.11	0.39	0.13

表 3-2 试验用水泥熟料的矿物组成

成分	C3S	C2S	C3A	C4AF
比例/%	54.04	22.84	8.39	10.42

本试验所用的 CO_2 气体均为徐州特种气体厂生产的高纯度 CO_2,纯度≥99.5%。这种高纯度的 CO_2 能够确保试验过程中的气氛稳定,并且不会对试验结果造成干扰和影响。

本试验中使用聚羧酸和脂肪族减水剂作为外加剂,它们的性能如表 3-3 所列。这些外加剂能够有效地改善混凝土的工作性能,包括流动性、坍落度,减少空鼓等缺陷,从而提高混凝土的强度和稳定性;同时,也能够影响混凝土与 CO_2 的反应。

表 3-3 试验用减水剂的技术指标

试剂名称	外观	固体含量/%	密度/(g/mL)	pH 值	氯离子含量/%	碱含量/%	减水率/%
聚羧酸减水剂	浅棕色液体	25±2	1.07±0.02	6~8	8.39≤0.02	≤0.2	25~45
脂肪族减水剂	棕红色液体	>35	1.15~1.20	9~10	—	—	15~25

最后,使用了 ISO 水泥标准砂和自来水作为试验用砂和试验用水。

3.1.2 试验装置

试验用新拌混凝土搅拌装置主要由桶体、桶盖、电机、搅拌叶、流量计、单向阀、出料口、桶体密闭装置等几部分组成(见图 3-1)。桶体为圆柱形,底部设有进气口和出料口。进气口与

CO_2 流量计连接,流量计通过导管与 CO_2 气罐相连。气罐中存储了 CO_2 气体,并通过流量计控制 CO_2 气体流量,以保证试验过程中的气氛稳定。为确保试验结果的准确性,该装置在设计时还设置了单向阀和桶体密闭装置,以防止空气进入试验样品中,影响试验结果。同时,在试验过程中,还需要根据实际情况调整 CO_2 流量计、搅拌速率等参数,以确保试验数据的准确性和可靠性。

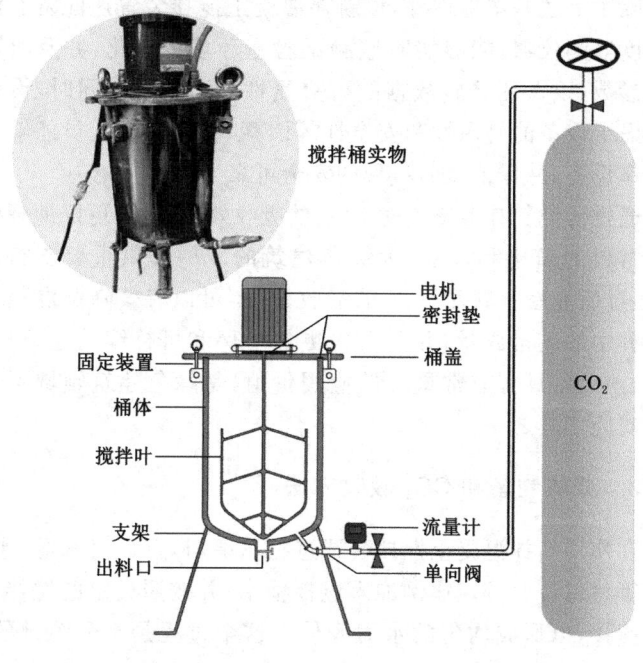

图 3-1　试验装置

驱动电机设置在桶盖上方,通过调速器控制搅拌叶旋转速度,从而实现对水泥浆体的搅拌和混合作用。搅拌叶为多片式,能够将水泥浆体充分搅拌均匀,提高试验的精度。同时,出料口设在桶壁上,可以方便地将试验样品取出进行后续测试和分析。

为了更好地模拟实际工程条件,该新拌混凝土搅拌装置还采用了桶体密闭装置。这种装置能够有效地隔离外界空气和水蒸气,保持试验样品的稳定性和一致性。在试验过程中还使用了高精度流量计和单向阀等设备,确保 CO_2 气体的流量和压力均匀且稳定。这些措施能够有效地减小试验误差,提高试验数据的可靠性和准确性。

除了上述基本部件外,该新拌混凝土搅拌装置还配备有温度和湿度监测仪器,能够实时监测试验室环境的变化,并及时调整试验参数,以保证试验数据的可重复性和可比性。同时,设计时还考虑了设备的易用性和安全性等因素,使得操作人员能够轻松地操作设备,并保证试验过程的安全可靠。

通过研究新拌混凝土对 CO_2 的吸收效果,能够更好地理解混凝土材料的结构和性能,为绿色建筑的发展提供重要支持。此外,通过研究新材料对 CO_2 的吸收能力,可以有效降低混凝土生产过程中的碳排放量,并开发出更加环保和可持续的建筑材料。因此,该设备具有非常重要的应用价值,是绿色建筑领域不可或缺的研究工具之一。

3.1.3 浆体制备和 CO_2 吸收方法

在使用新拌混凝土搅拌装置进行试验时,首先将水泥、水、减水剂等材料按照一定比例加入搅拌桶中,并按照设定的搅拌速率进行搅拌,以形成均匀的水泥胶体。这个过程是十分关键的,因为只有保证混合物中各种材料比例恰当且均匀,才能保证后续试验的准确性。此外,在混合过程中应尽量避免产生空气夹杂并控制好浆体黏度,以保证试验数据的可靠性。

接下来,打开 CO_2 流量阀并将其开至最大,使 CO_2 充满搅拌桶。然后,在边搅拌的同时向桶内通入 CO_2 气体,以保证 CO_2 气体充分溶解和吸收。此时,借助流量计记录 CO_2 流量,以便后续的数据分析和试验结果的判断。CO_2 气体的流量需要根据实际情况进行调整,以确保试验的精度。

当流量计读数不再变化时,则表示 CO_2 不能再被浆体吸收了。这个时候,说明试验已经完成。最后,打开出料口阀门,让吸收 CO_2 后的浆体放出。

在试验过程中,将实验室保持在一定的温度和湿度条件下,以避免环境因素对试验结果的影响。同时,应根据实际情况合理调整 CO_2 气体流量、搅拌速率等参数。为了保证试验结果的准确性,还需要进行重复试验,并计算出平均值和标准差,以排除随机误差,提高试验数据的精度和可靠性。在分析试验结果时,综合考虑各种因素的影响与作用,并借助适当的工具和方法进行数据处理和建模,以便更好地理解新拌混凝土材料的结构和性能。

通过上述试验操作和数据处理,获得的数据和信息可以为进一步改进新型水泥基材料的性能和结构提供有益参考,从而推动绿色建筑事业的发展。

在试验过程中,需要注意以下几点:

① 混合材料比例应恰当且均匀,以保证试验数据的准确性;

② CO_2 气体流量和搅拌速率等参数应根据实际情况进行调整,以确保试验数据的准确性和可靠性;

③ 试验过程中应避免产生空气夹杂,并控制好浆体黏度;

④ 应进行多次重复试验,并计算出其平均值和标准差,以提高试验数据的精度和可靠性;

⑤ 在分析试验结果时,应综合考虑各种因素的影响与作用,并借助适当的工具和方法进行数据处理和建模,以便更好地理解新拌混凝土材料的结构和性能;

⑥ 在试验过程中,应根据需要进行计时,并记录下每次试验的时间、温度、湿度等数据,以便后续数据分析和结果判断;

⑦ 在操作设备时,应按照相应的安全规定和操作要求进行,

并注意设备的维护和保养,以确保设备的正常运行和使用寿命。

总之,新拌混凝土搅拌装置是一种十分重要的研究工具,可以为水泥基材料的研发和应用提供有力支持和帮助。在进行试验前,需要了解其基本结构和工作原理,并掌握相应的试验操作技巧和数据分析方法。通过合理运用该设备,我们可以更加深入地了解混凝土材料的结构和性能。

3.1.4　CO_2 极限吸收量和吸收速率

水泥浆体对 CO_2 的吸收能力是评估新型水泥基材料绿色环保性能的重要指标之一。其极限吸收量 G 定义为水泥浆体吸收 CO_2 质量占水泥质量的百分比,可以通过试验测定得出。极限吸收量 G 与流量计读取的 CO_2 流量 Q 有如下关系式:

$$G = \frac{\frac{Q}{V_0} \cdot M_0}{m} \times 100\% \qquad (3\text{-}1)$$

式中　Q——流量计读取的 CO_2 流量,L;

V_0——CO_2 气体的摩尔体积,在标准大气压下为 22.4 L;

M_0——CO_2 摩尔质量,一般为 44 g;

m——水泥质量,g。

水泥浆体对 CO_2 的吸收速率可以通过下式计算:

$$v = G/t \qquad (3\text{-}2)$$

式中　t——吸收时间。

在试验中,通过实时记录 CO_2 流量计读数,根据式(3-1)可计算出水泥浆体吸收 CO_2 的极限吸收量 G,并用式(3-2)计算出水泥浆体对 CO_2 的吸收速率。通过比较不同水泥材料在相同条件下的 CO_2 吸收速率和极限吸收量,可以评估其绿色环保性能,并选择适合的新型水泥基材料进行研发和应用。

需要注意的是,在试验中需要控制好 CO_2 气体流量和搅拌速率等参数,以确保试验的可靠性。同时,在测量过程中,还需要根据试验情况进行一些调整和修正,以避免因误差而影响试验结果的精度和可靠性。

总之,水泥浆体对 CO_2 的吸收能力和吸收速率是评估新型水泥基材料绿色环保性能的重要指标,可以通过试验测定得出。在进行试验前,需要了解其相关理论知识和计算公式,并掌握相应的试验技巧和数据处理方法。通过合理的试验设计和操作,可以获得有关水泥浆体吸收 CO_2 的详细数据和信息,为新型水泥基材料的研发和应用提供有益参考。

3.2 试验内容及方法

3.2.1 水灰比和搅拌速率对 CO_2 吸收速率和极限吸收量的影响

为了深入研究水灰比和搅拌速率对于水泥浆体吸收 CO_2 速率的影响,进行了一系列的试验。这些试验分为 9 组,每组使用相同质量(1 000 g)的水泥,但采用 0.5、0.6、0.7 三种水灰比,并分别以(140±5) r/min、(210±5) r/min 和(280±5) r/min 三种速度进行搅拌。表 3-4 详细列出了搅拌速率与水灰比之间的配合关系。

表 3-4 搅拌速率对 CO_2 吸收速率及极限吸收量试验配合比

编号	水泥/g	水/g	水灰比	搅拌速率/(r/min)
A1	1 000	500	0.5	140±5
A2	1 000	600	0.6	140±5
A3	1 000	700	0.7	140±5

表 3-4(续)

编号	水泥/g	水/g	水灰比	搅拌速率/(r/min)
B1	1 000	500	0.5	210±5
B2	1 000	600	0.6	210±5
B3	1 000	700	0.7	210±5
C1	1 000	500	0.5	280±5
C2	1 000	600	0.6	280±5
C3	1 000	700	0.7	280±5

进行试验时,首先将水泥和水加入吸收装置的搅拌桶中,然后按照设定的搅拌速率进行充分搅拌,以形成均匀的水泥浆体。随后,通过打开 CO_2 流量阀,边搅拌浆体边通入 CO_2 气体,同时利用 CO_2 流量计测量水泥浆体对 CO_2 的极限吸收量,以得出水灰比和搅拌速率对 CO_2 极限吸收量的影响。除了测量 CO_2 极限吸收量外,还记录下不同时间点的 CO_2 吸收量,以获得水泥浆体对 CO_2 的吸收速率。

试验结果表明,随着水灰比的增加和搅拌速率的提高,CO_2 吸收速率显著增强。特别是在(280±5) r/min 的高速搅拌条件下,水泥浆体的 CO_2 吸收速率得到了最大的增强。

具体而言,同一搅拌速率下,随着水灰比的增加,CO_2 吸收量逐渐增大,且吸收速率也呈现出明显的上升趋势。这是因为随着水灰比的增加,水泥浆体中的空隙变小,表面积增大,从而有更多的反应点和反应物质与 CO_2 接触,促进了 CO_2 的吸收。此外,水灰比的增加还可以提高水泥浆体的流动性,使 CO_2 更容易被吸收。

另外,随着搅拌速率的提高,CO_2 吸收量也逐步增加,且吸收速率也呈现出明显的上升趋势。这是因为高速搅拌可以促进水泥颗粒的分散和混合,增加了反应面积和反应速率。此外,高速搅拌还可以改变水泥浆体的流动性和黏度,从而提高 CO_2 的吸收效率。

总之,水灰比和搅拌速率均对水泥浆体 CO_2 吸收速率有显著影响,水灰比的增加和搅拌速率的提高能显著增强浆体对 CO_2 的吸收速率。

3.2.2 减水剂对水泥浆体吸收 CO_2 速率的影响

为了进一步研究不同减水剂类型对于水泥浆体 CO_2 吸收速率的影响,进行了 D、E、F、G 四组试验。这些试验均采用 0.5 水灰比的水泥浆体,并分别添加聚羧酸和脂肪族两种不同类型的减水剂,减水剂用量设定为水泥质量的 0.25%,搅拌速率设定为 (280±5) r/min。

对于 D、E 两组试验,先添加减水剂拌制水泥浆体,然后边搅拌边通入 CO_2 气体,并通过 CO_2 流量计记录 CO_2 吸收速率。D 组使用聚羧酸减水剂,E 组使用脂肪族减水剂。试验结果显示,无论是聚羧酸还是脂肪族减水剂,都能够显著增强水泥浆体对 CO_2 的吸收速率,其中使用聚羧酸减水剂的 CO_2 吸收速率相对较高。

在 F、G 两组试验中,是先拌制水泥浆体,然后边搅拌边通入 CO_2 气体,待浆体稠化至不再吸收 CO_2 时,再向搅拌桶内加入减水剂,同时继续边搅拌边通入 CO_2 气体,并全程记录 CO_2 吸收速率。F 组采用聚羧酸减水剂,G 组使用脂肪族减水剂。试验结果显示,两种减水剂均能够显著增强水泥浆体对 CO_2 的吸收速率,且聚羧酸减水剂作用下的 CO_2 吸收速率相对较高。

添加减水剂可以显著提高水泥浆体对 CO_2 的吸收速率。这是因为减水剂可以改变水泥颗粒的分散状态和表面性质,使其更易于与 CO_2 发生反应。此外,减水剂还可以调节水泥浆体的黏度和流动性,使其更适合于 CO_2 的吸收。其中,使用聚羧酸减水剂的 CO_2 吸收速率相对较高,这是因为聚羧酸减水剂分子中含有大量的羧酸基团和氧化亚铁等活性官能团,与水泥颗粒表面形成的物理键和化学键相互作用,有利于 CO_2 的吸收和反应。脂肪族减水剂则主要通过改变水泥浆体的黏度和流动性来提高 CO_2 吸收效率。减水剂对 CO_2 吸收速率的试验配合比见表 3-5。

表 3-5 减水剂对 CO_2 吸收速率试验配合比

编号	水泥/g	水/g	水灰比	减水剂用量/%	试验砂/g	CO_2 吸收量/%
D	450	225	0.5	0.25	1 350	0.44
E	450	225	0.5	0.25	1 350	0.88
F	450	225	0.5	0.25	1 350	1.32
G	450	225	0.5	0.25	1 350	2.20

注:本书 CO_2 吸收量的概念均指吸收的 CO_2 质量占水泥质量的比例,后面不再说明。

3.2.3 CO_2 极限吸收量对水泥浆体流动度的影响

本试验旨在通过逐步增加 CO_2 吸收量,研究水泥浆体的流动度随着 CO_2 吸收量的增加而发生的变化规律。首先称取 5 kg 水泥和 3 kg 水,加入搅拌桶中拌制成水泥浆体,搅拌速率设定为 (280 ± 5) r/min。待浆体搅拌均匀后,打开 CO_2 流量阀,边搅拌边入 CO_2 气体,并通过流量计记录 CO_2 累计极限吸收量。

为了控制 CO_2 吸收量递增,按照一定比例释放碳化水泥浆体。具体操作,是当水泥浆体吸收的 CO_2 质量占水泥质量的 0.22% 时,从搅拌桶中释放出 500 g 碳化水泥浆体,再按《混凝土外加剂匀质性试验方法》(GB/T 8077—2012)的方法对放出的 500 g 水泥浆体进行净浆扩展度大小的测量,并分析随着 CO_2 吸收量的增加,水泥浆体的流动度发生的变化规律。试验配合比见表3-6。

表3-6 水泥净浆流动度试验配合比

编号	H1	H2	H3	H4	H5	H6	H7	H8	H9	H10	H11
水泥/g	312.5	312.5	312.5	312.5	312.5	312.5	312.5	312.5	312.5	312.5	312.5
水/g	187.5	187.5	187.5	187.5	187.5	187.5	187.5	187.5	187.5	187.5	187.5
水灰比	0.6	0.6	0.6	0.6	0.6	0.6	0.6	0.6	0.6	0.6	0.6
CO_2 吸收量/%	0	0.22	0.44	0.66	0.88	1.10	1.32	1.54	1.76	1.98	2.20

3.2.4 CO_2 极限吸收量对水泥浆体力学性能的影响

称取 3 kg 水泥和 1.5 kg 水拌制水灰比 0.5 的水泥浆体,搅拌速率设定为(280±5) r/min。每增加 0.44% 水泥质量的 CO_2 吸收量,则从搅拌桶中释放出碳化水泥浆体 2 025 g(由于受到试验装置体积大小的限制,浆体每放出一次,再继续上一次的步骤重新制备碳化水泥浆体,再通入 CO_2,将 CO_2 的吸收量在上一次通入量的基础上增加 0.44%)。

然后将放出的碳化水泥浆体分为 3 等份,每份 675 g,同时分别加入 1 350 g 标准砂,然后将搅拌好的砂浆倒入尺寸 40 mm×40 mm×160 mm 标准模具中,按照《水泥胶砂强度检验方法(ISO法)》(GB/T 17671—2021),将制备好的试样养护 1 d 后拆模,再继续标准养护至 28 d,测量胶砂试件 3 d、7 d 和 28 d 的抗折强度和抗压强度,从而揭示 CO_2 吸收量对水泥浆体力学性能影响规律。试验配合比见表3-7。

表 3-7 CO_2 极限吸收量试验配合比

编号	水泥/g	水/g	水灰比	标准砂/g	CO_2 吸收量/%
G-1	3 000	1 500	0.5	1 350	0
G-2	3 000	1 500	0.5	1 350	0.44
G-3	3 000	1 500	0.5	1 350	0.88
G-4	3 000	1 500	0.5	1 350	1.32
G-5	3 000	1 500	0.5	1 350	1.76
G-6	3 000	1 500	0.5	1 350	2.20

3.2.5 水泥浆体吸收 CO_2 析出产物形貌特征

为了研究 CO_2 极限吸收量对于水泥浆体力学性能的影响,制备了两组试样:一组是未吸收 CO_2 的水泥净浆,另一组则是吸收 CO_2 量为水泥质量 2.20% 的水泥浆体。首先将新拌水泥浆体装入尺寸 40 mm 的立方体试模中,并进行振捣密实成型,标准养护 12 h。接下来,将净浆试件制成 1 mm 厚的样品,并将其浸入无水乙醇中 48 h 以终止水泥水化作用。在完成浸泡处理后,将试样放置于 65 ℃的恒温鼓风烘箱中进行 24 h 的干燥处理。随后,将试样放置于离子溅射仪中进行表面喷金处理,并研究其微观特征及能谱分析。

这些试验数据和分析结果将有助于深入了解 CO_2 吸收量对于水泥基材料力学性能的影响规律,为建筑工程中的选材和设计提供更为准确的参考依据。通过这些试验,可以评估新型水泥基材料的性能指标,如强度、韧性和耐久性等,并为建筑材料的绿色环保方向提供参考。

3.3 结果与讨论

3.3.1 水灰比和搅拌速率对 CO_2 吸收速率的影响

(1) 搅拌速率对 CO_2 吸收速率的影响

水灰比和搅拌速率对 CO_2 吸收速率的影响规律如图 3-2 所示。从图 3-2(a)可以看出,当水灰比为 0.5,搅拌速率分别为 (140 ± 5) r/min、(210 ± 5) r/min、(280 ± 5) r/min 时,水泥浆体对 CO_2 气体开始的吸收速率分别为 0.023 L/s、0.054 L/s、0.073 L/s。浆体对于 CO_2 的气体吸收速率从(140 ± 5) r/min 到 (210 ± 5) r/min 提高了 134.8%,再从 (210 ± 5) r/min 到 (280 ± 5) r/min 又相应提高了 35.2%,由此说明在水灰比不变的条件下,CO_2 吸收速率随搅拌速率的增加而增加。尤其是搅拌速率从(140 ± 5) r/min 提高到(210 ± 5) r/min 时,浆体对 CO_2 的吸收速率最为明显。此外,从浆体吸收 CO_2 的时间上看,搅拌速率增加,CO_2 的吸收时间缩短,时间从 86 s 到 37 s 再到 26 s,依次降低了 57% 和 29.7%。

由此说明:搅拌速率在(140 ± 5) r/min 时,通入的 CO_2 能够很快和浆体内部钙离子和水分子发生反应;当搅拌速率提高到(210 ± 5) r/min 时,CO_2 和浆体内部反应迅速加快;而搅拌速率继续提高到(280 ± 5) r/min 时,CO_2 和浆体内部的反应依然会有所提高,但是增速有所减缓,原因在于搅拌速率过快可能会导致少部分 CO_2 不能及时和浆体内物质充分发生反应。同时,从图 3-2(b)和图 3-2(c)可以看出,当水灰比提升到 0.6 和 0.7 时,搅拌速率对 CO_2 吸收速率的影响与水灰比为 0.5 时的规律是一致的。

(2) 水灰比对 CO_2 吸收速率的影响

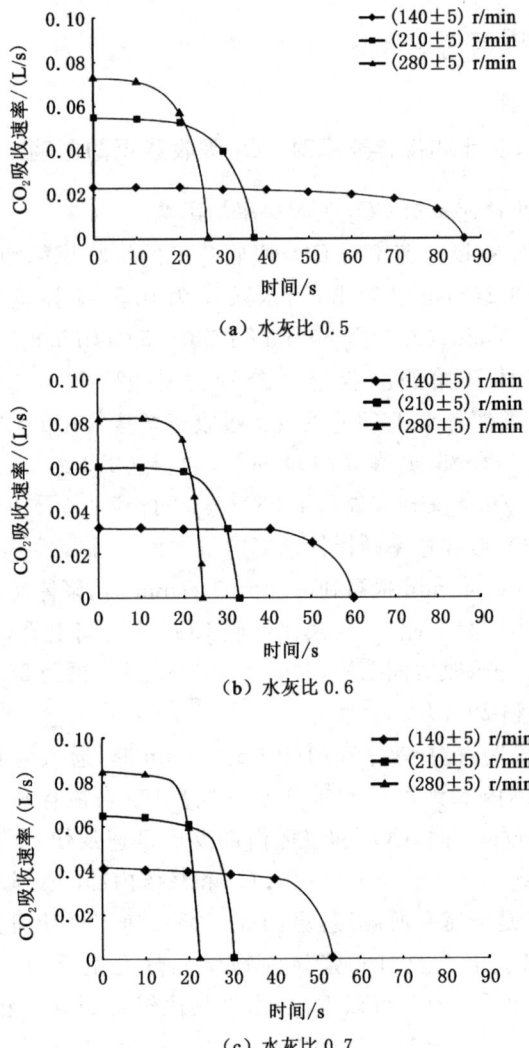

（a）水灰比 0.5

（b）水灰比 0.6

（c）水灰比 0.7

图 3-2　水灰比和搅拌速率对 CO_2 吸收速率的影响

从图 3-2(a)、图 3-2(b)和图 3-2(c)可以看出,水灰比在 0.5,0.6 和 0.7 条件下,在搅拌速率同为(140±5) r/min 时,CO_2 的吸收速率分别为 0.023 L/s、0.032 L/s、0.041 L/s,浆体的吸收速率依次提高了 39.1% 和 28.1%。从这可以看出,随着浆体水灰比的提高,浆体的吸收速率也会随之提高,而且水灰比从 0.5 提高到 0.6 时的 CO_2 吸收速率比从 0.6 提高到 0.7 时提升速度更快。此外,在同一水灰比下,当搅拌速率从(140±5) r/min 提高到(210±5) r/min 再到(280±5) r/min 时,随着搅拌速率提高,CO_2 的吸收速率也会提高。

从以上试验结果总结得出:一方面,在相同的搅拌速率下,水灰比提高,CO_2 吸收速率也会提高;另一方面,相同水灰比浆体,随着搅拌速率的提高,CO_2 吸收速率也会提高。由此可以认为:增加水灰比和提高搅拌速率,CO_2 的吸收速率也会相应提高。这主要是因为水灰比越大,单位水泥用量越少,浆体内的 $Ca(OH)_2$ 含量也就越少,扩散的阻力就越小,CO_2 就越容易进入浆体内,因此水灰比的提高会增大 CO_2 吸收速率。但是,水灰比和搅拌速率分别提高到多少,CO_2 的吸收速率上限是多少,这需要后期进一步地试验和研究。

3.3.2　水灰比和搅拌速率对 CO_2 极限吸收量的影响

(1) 搅拌速率对 CO_2 极限吸收量的影响

水灰比和搅拌速率对 CO_2 极限吸收量的影响如图 3-3 所示。从图 3-3(a)可以看出,浆体在水灰比 0.5 条件下,搅拌时间为 15 s,搅拌速率为(140±5) r/min、(210±5) r/min 和(280±5) r/min时,CO_2 的极限吸收量分别为 34.5 mL、48 mL 和 54 mL,吸收量从(140±5) r/min 到(210±5) r/min 提高了 39.1%,再从(210±5) r/min 到(280±5) r/min 又相应提高了 12.5%。从试验数据来看,CO_2 的吸收量随着搅拌时间增加呈线

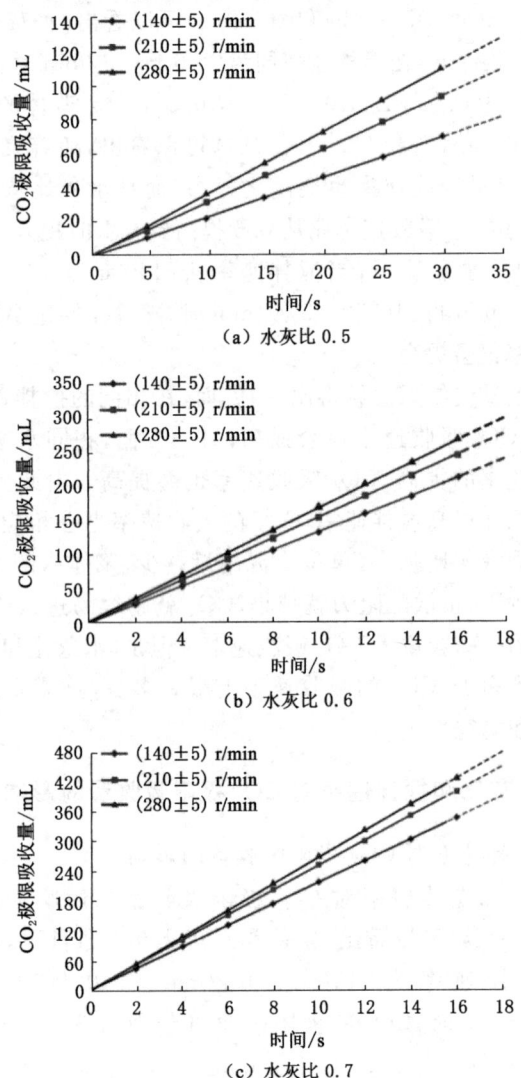

（a）水灰比 0.5

（b）水灰比 0.6

（c）水灰比 0.7

图 3-3　水灰比和搅拌速率对 CO_2 极限吸收量的影响

性增长,同时吸收量随着搅拌速率提高而提高。

此外,当搅拌速率从(140 ± 5) r/min 提高到(210 ± 5) r/min 时,CO_2 的吸收量的提高速度较快,从(210 ± 5) r/min 提高到 (280 ± 5) r/min 时,CO_2 的吸收量的提高速度有所降低,但依然 增长。

(2) 水灰比对 CO_2 极限吸收量的影响

从图 3-3(b)和图 3-3(c)可以看出,水灰比分别为 0.6 和 0.7 条件下,图中的线性规律与图 3-3(a)基本相同。在搅拌速率为 (140 ± 5) r/min,搅拌时间均为 10 s,水灰比为 0.5、0.6、0.7 时, 水泥浆体对 CO_2 的极限吸收量分别为 22.3 mL、126.4 mL 和 209.8 mL,水灰比从 0.5 提高到 0.6 再到 0.7,CO_2 的极限吸收量 分别递增了 129.6% 和 40.8%;当搅拌时间均为 15 s 时,CO_2 的 极限吸收量分别为 37.3 mL、204.3 mL 和 328.1 mL,水灰比从 0.5 提高到 0.6 再到 0.7,CO_2 极限吸收量分别递增了 114.5% 和 34.8%。这表明增大水灰比和搅拌速度可以有效提高水泥浆体 对 CO_2 极限吸收量,直至无法吸收为止。此外,从试验数据可以 看出在相同搅拌速率下,当水灰比为 0.6 时,CO_2 极限吸收量增 长是最为明显的。

综上所述,CO_2 的极限吸收量、搅拌速率和水灰比之间存在 着一定的关系:搅拌速率增加,CO_2 的极限吸收量增加;水灰比增 加,CO_2 的极限吸收量同样也会增加。从图 3-3 中还可以看出,当 搅拌速率从(140 ± 5) r/min 提高到(210 ± 5) r/min 时,CO_2 吸收 量比从(210 ± 5) r/min 提高到(280 ± 5) r/min 时提升更快。最 终得出搅拌速率为(210 ± 5) r/min、水灰比为 0.6 时,CO_2 吸收更 加有效,更加经济。

3.3.3 减水剂添加顺序对水泥浆体吸收 CO_2 速率的影响

(1) 先添加减水剂

先添加减水剂对水泥浆体吸收 CO_2 速率的影响如图 3-4 所示。由图可见,减水剂大幅提高了浆体的流动度,从而提高了水泥浆体对 CO_2 气体的初始吸收速率。加入减水剂后,水泥浆体对 CO_2 气体的初始吸收速率分别比未加减水剂提高了 150% 和 60%。但减水剂很快失效,浆体的流动性急剧下降至加未减水剂的水平,此后,添加减水剂的水泥浆体和未加减水剂的一样,在早期阶段水泥浆体吸收 CO_2 速率平稳,当 CO_2 吸收量增加到一定程度时,水泥浆体逐渐稠化,直至变为膏体而失去流动性。这说明,先加入减水剂对 CO_2 的最终吸收速率和影响不大。

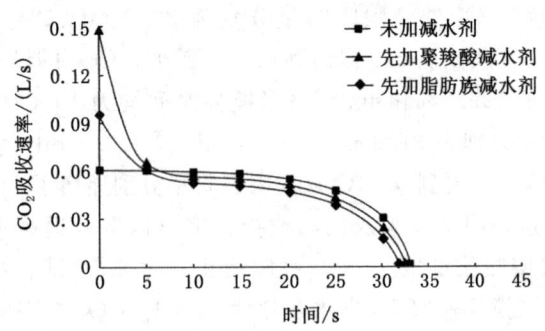

图 3-4　先添加减水剂对水泥浆体 CO_2 吸收速率的影响

(2) 后添加减水剂

在吸收 CO_2 后变为膏体的水泥浆体中添加减水剂,水泥浆体的流动性可以恢复到最初的水平,水泥浆体也迅速恢复了对 CO_2 的吸收能力。后添加减水剂对水泥浆体再吸收 CO_2 速率影响如图 3-5 所示。

从图 3-5 中可以看出,加入减水剂之初水泥浆体对 CO_2 的再吸收速率很大,添加聚羧酸减水剂和脂肪族减水剂水泥浆体对 CO_2 气体的吸收速率分别提高至 0.063 L/s 和 0.089 L/s。但很快两种减水剂均失去减水作用,浆体的流动性急剧下降,水泥浆体迅速稠化,从而很快再一次变为膏体失去流动性。

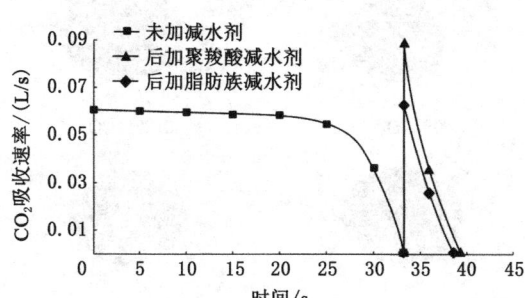

图 3-5　后添加减水剂对水泥浆体再吸收 CO_2 速率的影响

可见,后添加减水剂可以使吸收 CO_2 变为膏体的水泥浆体恢复工作性能,但不能使吸收过 CO_2 的水泥浆体在加入减水剂后再具有较大吸收 CO_2 的能力。

3.3.4　CO_2 吸收量对水泥浆体流动度的影响

图 3-6 和图 3-7 分别为浆体吸收不同量 CO_2 后扩展度试验图片及其测量结果。可以看出,未吸收 CO_2 的水泥浆体扩展度最大,达到 181 mm。当 CO_2 吸收量以水泥质量的 0.22％比例递增,水泥浆体扩展度依次下降 3 mm、5 mm、7 mm、14 mm、9 mm、7 mm、11 mm、13 mm、7 mm、2 mm。当 CO_2 极限吸收量增加达到水泥质量的 2.20％时,水泥浆体的扩展度为 103.23 mm,比未吸收 CO_2 时降低了 78 mm,降低 43.09％。

从测量结果可以看出,随着 CO_2 吸收量的增加,水泥净浆的扩展度会逐渐降低。从宏观上看,浆体慢慢失去流动性,水泥表面从开始的水润细滑的状态,逐渐向膏体转变,从而失去其工作性能。

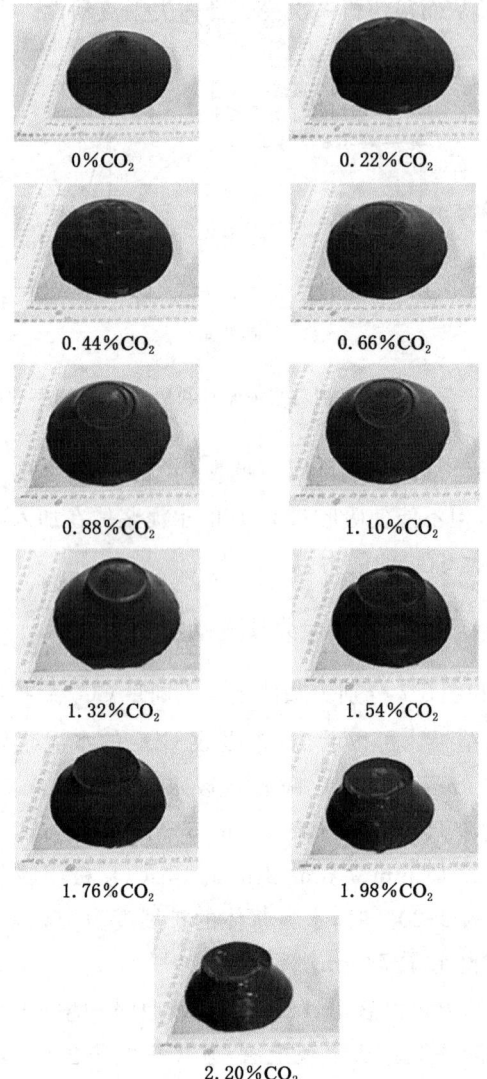

图 3-6　浆体吸收不同 CO_2 极限吸收量的扩展度测量

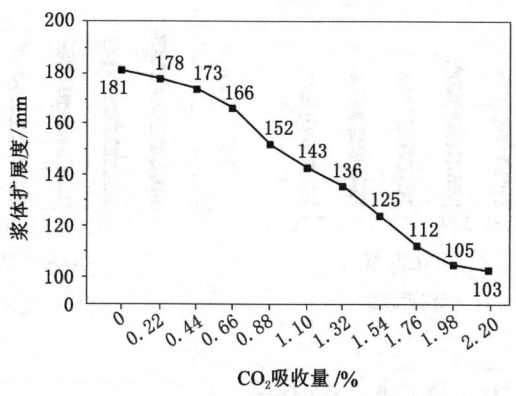

图 3-7 CO_2 吸收量对水泥浆体流动度的影响

3.3.5 CO_2 吸收量对水泥浆体力学性能的影响

(1) 抗折强度

图 3-8(a)～(c)分别表示不同龄期、吸收不同量 CO_2 水泥浆体的抗折强度。

从图 3-8(a)中可以看出,在第一养护阶段(3 d)时,随着吸收 CO_2 量的不断提高,胶砂试件的抗折强度有所提升,但提升并不明显。与未通入 CO_2 试样相比,其抗折强度反而有所降低。

到了第二养护阶段即 7 d[图 3-8(b)]时,胶砂试件抗折强度整体比第一养护阶段(3 d)有所增强,但随着 CO_2 吸收量的增加,抗折强度首先有所下降,然后又有所提升,但最终仍然略低于未通入 CO_2 试样的抗折强度。

到了第三养护阶段即 28 d[图 3-8(c)]时,试件的抗折强度比第二养护阶段有所提升,与未通入 CO_2 试样的抗折强度基本一致。

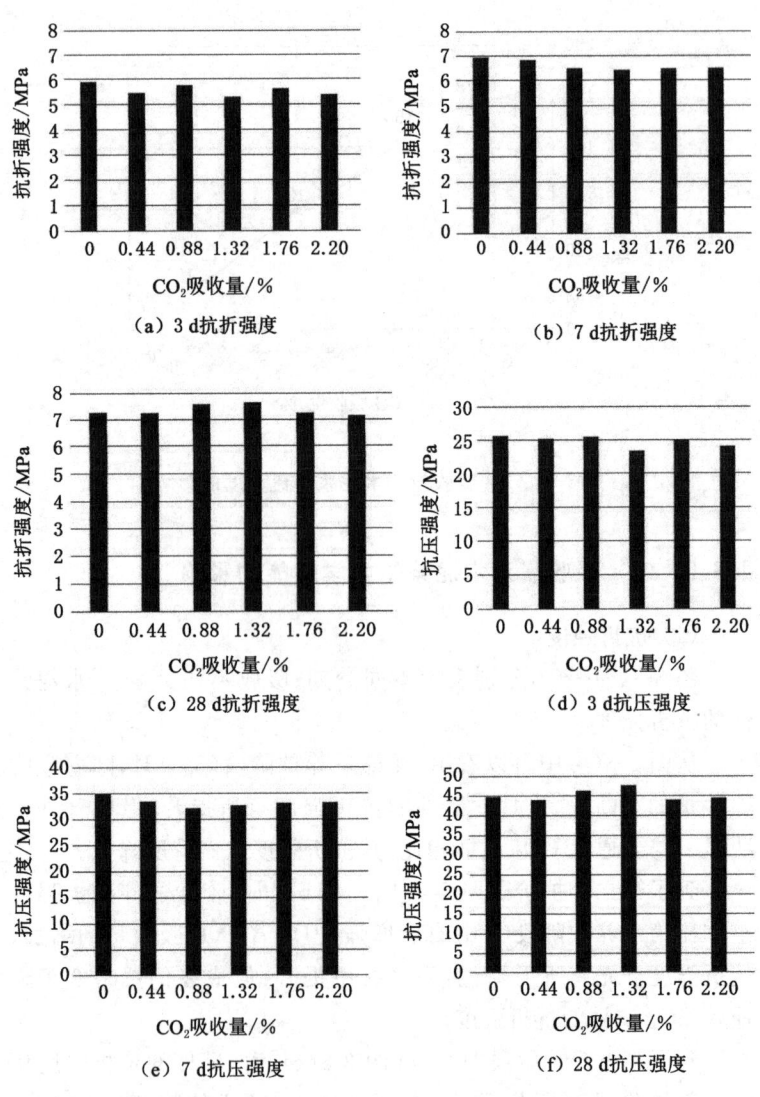

（a）3 d抗折强度　　　　　　　（b）7 d抗折强度

（c）28 d抗折强度　　　　　　　（d）3 d抗压强度

（e）7 d抗压强度　　　　　　　（f）28 d抗压强度

图 3-8　水泥浆体胶砂试件力学强度变化

（2）抗压强度

图 3-8(d)～(f)分别表示不同龄期、吸收不同量 CO_2 水泥浆体抗压强度。纵向来看,随着养护时间的增加,试件的抗压强度不断上升。横向来看,胶砂试件在第一养护阶段即 3 d[图 3-8(d)]时,随 CO_2 吸收量增加,抗压强度变化并不明显;到第二养护阶段即 7 d[图 3-8(e)]时,抗压强度有所降低;第三养护阶段即 28 d[图 3-8(f)]时,随着 CO_2 吸收量的变化,抗压强度虽有一些小的浮动,但最终还是有了一定的提高。

综上所述,通入 CO_2 使水泥胶砂早期抗压强度有所减小,但随着龄期的增加,抗压强度慢慢提升,最终差距不明显。

3.4 机理分析

3.4.1 SEM 分析

图 3-9(a)和图 3-9(b)均为纯水泥净浆试样 SEM 图像。从图 3-9(a)可以看出,未吸收 CO_2 试件在反应初期,其内部有部分絮凝状水化产物生成,但整体结构非常疏松,内部存在很多孔隙。图 3-9(b)为其孔隙的放大图,从该图可以看出在絮凝体附近遍布大量针状体,特征与钙矾石十分相似,其具体成分需通过能谱分析进行测定。

图 3-9(c)和图 3-9(d)均为吸收 2.20% 水泥质量的 CO_2 的水泥浆体 SEM 图像。从图 3-9(c)中可以看出,其内部的絮凝体分布比未吸收 CO_2 时更加紧密。同样的,将图 3-9(c)中部分孔隙放大后,可以很清晰地看出其内部针状体及絮凝结构比纯水泥分布更多也更广泛。

（a）未吸收CO$_2$（放大倍率：5 000）

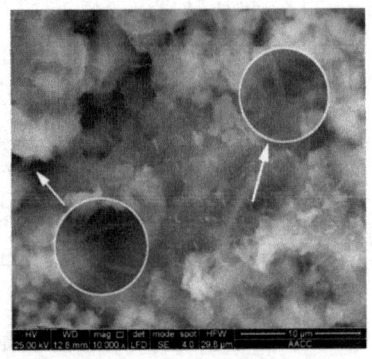

（b）未吸收CO$_2$（放大倍率：10 000）

（c）吸收2.20%CO$_2$（放大倍率：5 000）

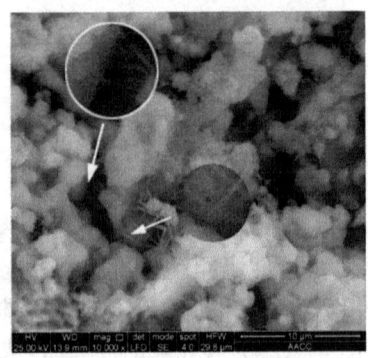

（d）吸收2.20%CO$_2$（放大倍率：10 000）

图 3-9　水泥浆体试样 SEM 图

3.4.2　能谱分析

图 3-10（a)和（b）分别对应着图 3-9（b）和（d），在图 3-10（a）和（b）中选取针状物质进行能谱分析，测试该处元素组成，结果见表 3-8。

由表 3-8 可以看出，3-10（a）中测量处的元素组成主要为 C、

O、Ca 以及少量 Si 和 Al，结合钙矾石（$3CaO \cdot Al_2O_3 \cdot 3CaSO_4 \cdot 32H_2O$）的化学式和其针状晶体形貌可以判断图 3-10（a）中针状结晶主要为钙矾石。

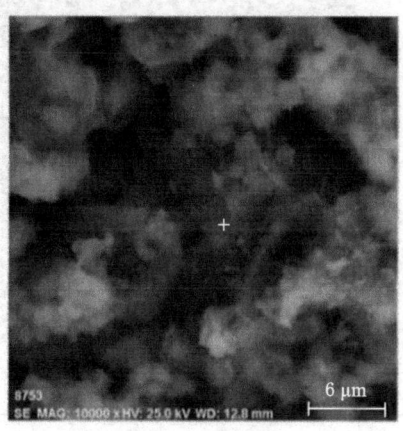

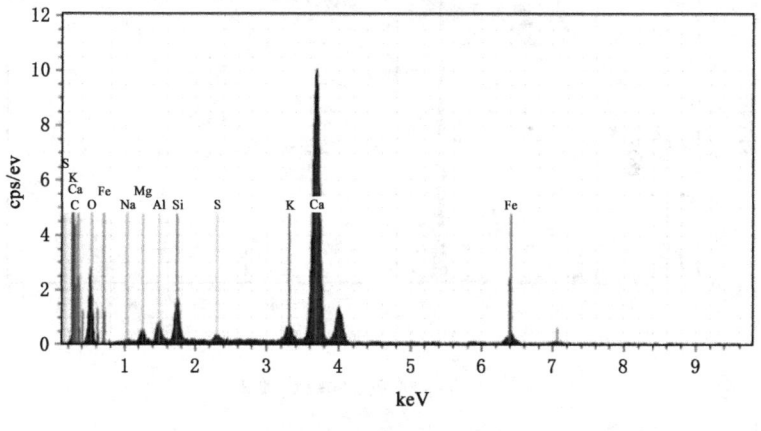

（a）未吸收CO_2水泥浆体

图 3-10　能谱分析测试测量点

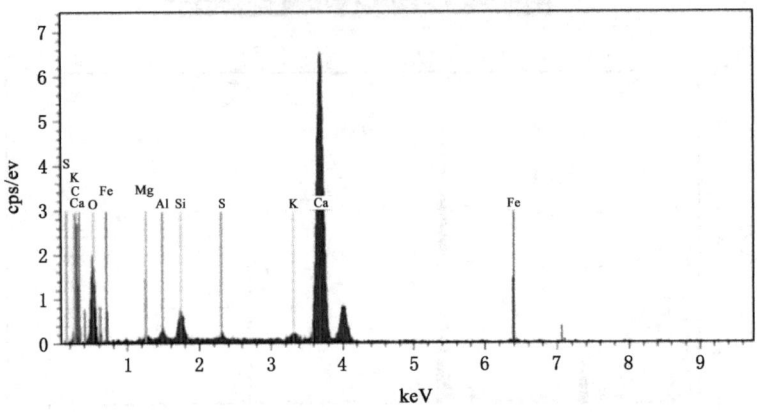

（b）吸收2.20% CO_2 浆体

图 3-10 （续）

表 3-8　能谱分析测试结果

元素	摩尔百分比/%	
	图 3-10(a)	图 3-10(b)
C	11.38	18.04
O	68.92	64.45
Si	2.47	2.17
Ca	11.66	12.89
Al	2.18	0.98
Mg	1.33	0.52
K	1.24	0.55
Fe	0.33	0.21
S	0.50	0.20

图 3-10(b)中测量处元素组成主要为 C、O、Ca 以及少量的 Si,同时比 3-10(a)中测量处 C 元素含量明显增加,而 Al 元素含量明显降低。其中增加的 C 元素是由水泥浆体吸收 CO_2 引起,结合 3-10(b)测量处主要存在 O 和 Ca 元素可以推断,增加的 C 元素以碳酸钙($CaCO_3$)的形式存在。由于新物质碳酸钙的生成,导致图 3-10(b)中测量处钙矾石含量相对降低,因此 Al 和 S 元素含量在 3-10(a)中测量处降低。因此可以确定图 3-10(b)中测量点长柱状结晶为钙矾石和碳酸钙结晶的混合物。

3.4.3　反应机理

(1) CO_2 与水泥水化产物反应机理

水泥的矿物成分为硅酸三钙($3CaO \cdot SiO_2$),硅酸二钙($2CaO \cdot SiO_2$),铝酸三钙($3CaO \cdot Al_2O_3$)和铁铝酸四钙($4CaO \cdot Al_2O_3 \cdot Fe_2O_3$)。水化反应如下:

式(3-1)表示硅酸三钙与水反应的化学机理,该反应最先形成了水泥凝结时的强度,同时最早产生水化热。

$$3CaO \cdot SiO_2 + nH_2O \Longrightarrow xCaO \cdot SiO_2 \cdot yH_2O + (3-x)Ca(OH)_2$$
$$(3-3)$$

式(3-4)表示硅酸二钙与水反应的化学机理,该反应比硅酸三钙反应响应速度慢,同时释放热较慢,并且形成混凝土后期强度。

$$2CaO \cdot SiO_2 + nH_2O \Longrightarrow xCaO \cdot SiO_2 \cdot yH_2O + (2-x)Ca(OH)_2$$
$$(3-4)$$

式(3-5)表示铝酸三钙与水反应的化学机理,该反应特点在于可以在极快的速度下生成水化铝酸钙,同时瞬间产生大量热量。

$$3CaO \cdot Al_2O_3 + 6H_2O \Longrightarrow 3CaO \cdot Al_2O_3 \cdot 6H_2O \quad (3-5)$$

式(3-6)表示铁铝酸四钙与水反应的化学机理,该反应与式(3-5)相比,具有较慢的反应速度,且释放热量也较少。

$$4CaO \cdot Al_2O_3 \cdot Fe_2O_3 + 2H_2O \Longrightarrow 3CaO \cdot Al_2O_3 \cdot H_2O +$$
$$CaO \cdot Fe_2O_3 \cdot H_2O \qquad (3-6)$$

式(3-7)和式(3-8)表示水泥浆体吸入 CO_2 的反应机理:

$$CO_2 + H_2O \Longrightarrow H_2CO_3 \qquad (3-7)$$
$$H_2CO_3 + Ca(OH)_2 \Longrightarrow CaCO_3 + 2H_2O \qquad (3-8)$$

(2)吸收 CO_2 对水泥浆体流动性能影响机理

结合图 3-9 未吸收与吸收 CO_2 水泥浆体试样 SEM 图及其显微特征,建立基于水泥颗粒的球面模型,如图 3-11 所示。

图 3-11(a)是未吸收 CO_2 水泥浆体微观结构模型。从图中可以看出,在电荷吸附作用下,一部分絮凝结构由小粒径的水泥颗粒吸附包裹组成。这主要是因为小粒径的水泥颗粒体积小,活动性能高,电荷容易被吸附,而往往水化产物本身也带有电荷,因此水泥水化后会有大量的水泥絮凝体产生。

此外,由图 3-11 水泥颗粒球面模型可以看出,浆体内部水具有三种形式:① 结合水,主要分布于絮凝体与水泥颗粒附近,且其

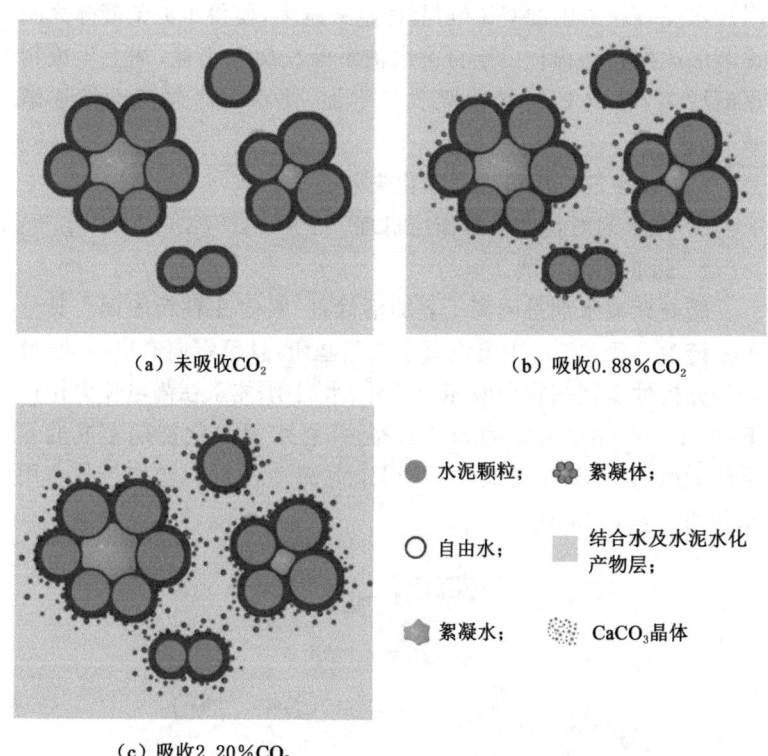

（a）未吸收CO_2

（b）吸收0.88%CO_2

（c）吸收2.20%CO_2

图 3-11 水泥颗粒的球面模型

存在许多反应物;② 絮凝水,包围于絮凝体之中,无法流出;③ 自由水,主要分布于絮凝体外部,含量越多,则水泥浆体流动性越好。

当新拌浆体吸收 CO_2 后,如图 3-11(b)所示,$CaCO_3$ 晶体最先在水泥水化产物层周围生成,并均匀分布在水泥水化产物周围且依附在水泥颗粒表面,并逐渐向自由水中伸展。随着水泥浆体吸收 CO_2 量的增加,如图 3-11(c)所示,$CaCO_3$ 晶体逐渐增加,依附在水泥颗粒周围的 $CaCO_3$ 晶体越来越多，使得水泥絮凝体之间逐渐形成网状结构。由于自由水被不断反应和消耗，加上生成物逐渐增多，导致 CO_2 极限吸收量增加，使水泥净浆流动性逐渐减弱。

（3）减水剂作用机理及碳化失效

① 减水剂对新拌浆体作用机理

a. 脂肪族减水剂

脂肪族减水剂是阴离子表面活性剂，吸附在颗粒表面。其分子主链为—C—C—，主要附着于羧基基团，且呈定向有序排列，另一部分极性基团则指向液相。此外，水泥-水体系在静电斥力作用下，处于一种相对稳定的悬浮状态，并将水泥水化初期形成的絮凝体拆散，且释放出游离水，使得水泥流动性得到增加。其作用原理如图 3-12 所示。

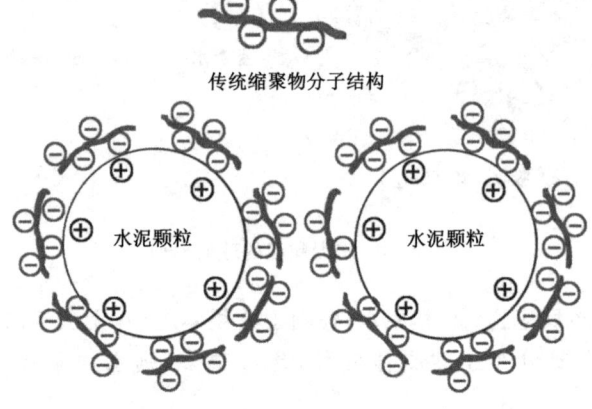

图 3-12 脂肪族减水剂作用机理——静电斥力作用

b. 聚羧酸减水剂

由于聚羧酸减水剂具有"空间位阻"效应，它们吸附在水泥颗粒表面,并将侧链伸向溶液中,从而实现水泥颗粒的分散。Sakai 研究认为影响水泥颗粒分散性的主要原因在于聚羧酸减水剂 PEO 侧链的性质。侧链聚合度越弱,其分散性能越差;侧链聚合度越强,聚羧酸减水剂侧链就越向外增长,其"空间位阻"分散性能就越好。其作用原理如图 3-13 所示。

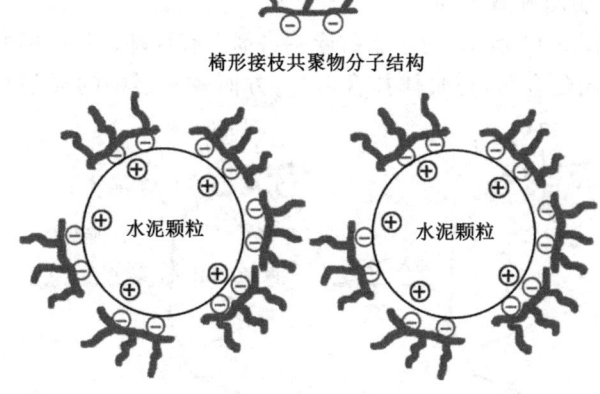

椅形接枝共聚物分子结构

图 3-13 聚羧酸减水剂作用机理——空间阻力作用

② 新拌浆体中减水剂的碳化失效

a. 脂肪族减水剂

脂肪族减水剂含有磺酸基、羟基和羰基等强亲水基团化合物,与极性水分子缔合,会使水泥颗粒表面形成一层溶剂化膜。此外,浆体通过搅拌,脂肪族分子结构中的羟基在新拌浆体的碱性介质中与游离的钙离子生成络合物,又因水泥颗粒表面带有相同极性电荷,在静电斥力作用下,颗粒的钙离子和颗粒外的碳酸根离子无法接触,从而阻碍了浆体的碳化,导致碳化失效。

b. 聚羧酸减水剂

聚羧酸减水剂加入新拌浆体后,由于水泥颗粒中有大量的

Ca^{2+}、SO_3^{-}、COO^{-}存在并吸附在水泥颗粒表面,羧酸根阴离子和Ca^{2+}发生络合作用,建立具有一定厚度的聚合物分子吸附层,而长侧链则保留在液相中,液相中含有大量的碳酸钙晶体和钙矾石晶体,这些晶状体又会更进一步阻碍浆体碳化,最终导致碳化失效。

(4)减水剂对碳化浆体作用机理

a. 脂肪族减水剂

如图 3-14 所示,由于脂肪族减水剂含有羟基、羰基、磺酸基等亲水基团化合物,与浆体拌合后,一方面减水剂中的羟基与浆体

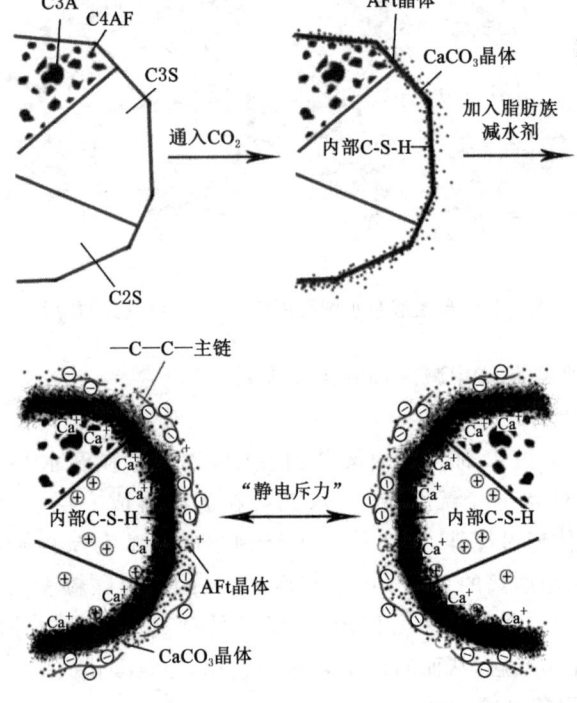

图 3-14　脂肪族减水剂对碳化浆体的作用机理

中游离的钙离子生成络合物,钙离子被捕捉后,浆体中钙离子浓度降低,从而抑制水泥水化过程;另一方面,由于吸附在水泥颗粒表面的减水剂分子呈定向排列,电荷极性相同,在电性斥力作用下,能够有效破坏浆体里的絮凝体结构,释放絮凝水,从而使碳化浆体恢复流动性。

通过以上分析得出,脂肪族减水剂对碳化浆体的作用机理是以静电斥力为主,兼有水化膜润滑作用和络合作用,通过破坏絮凝结构释放出絮凝水,而使水泥粒子分散,产生流动性。

b. 聚羧酸减水剂

聚羧酸减水剂在新拌浆体里的微观作用机理是:聚羧酸属于阴离子表面活性剂,分子结构中存在 SO_3^-、COO^- 等基团,从而在水泥颗粒周围产生双电层,当水泥颗粒表面附有相同极性电荷时,就会产生静电斥力作用。通常情况下,聚羧酸减水剂加入水泥浆体中,它具有亲水作用,可以发挥“空间位阻”效应。但对于吸收了 CO_2 的水泥浆体,浆体中含有大量的碳酸钙晶体和钙矾石晶体,由于这些晶体附着于水泥颗粒表面,影响了 SO_3^- 的活性,从而影响“空间位阻”发挥效应。如图 3-15 所示。

通过以上分析得出,聚羧酸减水剂主要依靠静电斥力的作用将水泥颗粒絮凝结构分散,从而提高碳化浆体流动性。

(5) 碳化浆体中减水剂再碳化失效作用机理

a. 脂肪族减水剂

新拌浆体中通入 CO_2 后,CO_2 的吸收速率先迅速提高再迅速下降。这是因为 CO_2 与从水泥颗粒中游离出的 Ca^{2+} 反应(减水剂作用时余留一部分 Ca^{2+} 在水泥颗粒周围),此外脂肪族减水剂具有亲水性,在搅拌的过程中形成水化膜,可以破坏絮凝结构,并释放出絮凝水,又促进了 CO_2 的吸收,导致 CO_2 的吸收速率猛然提高。随后,又因水化膜的作用,水泥颗粒被包裹,Ca^{2+} 无法被释

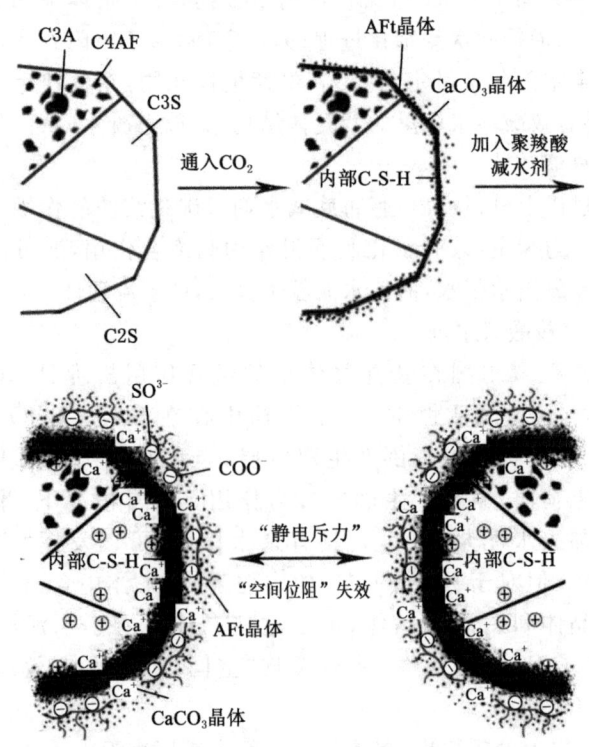

图 3-15　聚羧酸减水剂对碳化浆体的作用机理

放,再加上脂肪族静电斥力的作用,导致 Ca^{2+} 和碳酸根离子无法结合,所以浆体无法再吸收通入的 CO_2,再碳化失效。

b. 聚羧酸减水剂

由于浆体和减水剂在搅拌过程中,一部分被水泥颗粒中交换出来的阳离子与聚羧酸减水剂螯合沉淀,从而消耗部分聚羧酸减水剂。同时水泥浆体中的 SiO_3^{2-} 也会与阴离子表面活性剂存在竞争吸附,减少对聚羧酸减水剂的吸附。那么有一部分游离出的

Ca^{2+} 就会和碳酸根离子(CO_2 与水反应生成的)迅速反应，CO_2 的吸收速率猛然提高，很快 Ca^{2+} 被消耗，CO_2 的吸收速率又猛然降低，从而浆体无法再吸收 CO_2，最终导致碳化再失效。

3.5 本章小结

（1）CO_2 吸收量对新拌水泥浆体的流动性影响显著，随着 CO_2 吸收量的增加，新拌水泥浆体的流动性逐渐下降，浆体在搅拌过程中逐渐由稀向稠转变，直至不再吸收 CO_2，从而达到极限吸收量。

（2）提高搅拌速率能够有效提高水泥浆体的 CO_2 吸收速率。适当增大水泥浆体的水灰比对 CO_2 的吸收速率和极限吸收量提高均有一定的作用。

（3）减水剂添加顺序影响水泥浆体对 CO_2 的吸收速率，但无法增加 CO_2 的极限吸收量。先添加减水剂可以瞬间提高 CO_2 的吸收速率，但减水剂在极短的时间内失去功效，减水剂对 CO_2 的吸收速率和极限吸收量影响不大。后添加减水剂可以使已变为膏体的新拌水泥浆体恢复流动性，使其恢复工作性能，但不能使已吸收过 CO_2 的水泥浆体再具有吸收 CO_2 的能力。

（4）后加聚羧酸减水剂和脂肪族减水剂均可以有效恢复碳化水泥浆体的流动性。减水剂有效破坏了碳化浆体里的絮凝结构，释放了絮凝水，从而使碳化浆体恢复流动性。

（5）CO_2 吸收量对水泥浆体的力学强度影响并不明显。随着 CO_2 吸收量的提高，水泥浆体的抗压强度略有提高，抗折强度没有明显变化。

4 水泥浆体中颗粒分散行为研究

目前对于水泥浆体颗粒分散性的研究很少,对于量化不同分散方式对浆体颗粒分散性的研究几乎没有。究其原因在于水泥颗粒的粒径较小,且由于水泥的水化作用及颗粒间的相互作用力使得利用显微镜观测的手段难以看到原位状态下水泥颗粒以及分布状态。研究者大多采用将水泥浆体稀释至数百倍后利用显微镜和激光粒度仪研究颗粒的粒径和分布状态,而浆体被稀释后水泥颗粒絮凝的状态将被改变,难以体现实际水灰比状态下颗粒的分布状态。

硬化浆体中未水化水泥颗粒的分布状态能够直观反映出初始状态下水泥颗粒的分散状态,本章将采用背散射技术观测硬化浆体中未水化水泥的分布状态,通过图像处理软件(PS 和 ImageProPlus)和 R 语言分析统计背散射图片中没有水化水泥颗粒大小及质心位置,并计算水泥颗粒之间的相对距离,最后利用最近邻近距离统计法分析计算颗粒的分散情况,以此分散系数定量表征颗粒的分散行为。最后通过超景深电子显微镜观察不同分散方式下水泥颗粒在浆体中的分布状态,以此来验证分散系数表征分散行为的可行性。

4.1 原材料

本试验所用原材料主要有水泥、水、减水剂。所用水泥为徐州诚意水泥集团生产的 P.O 52.5 水泥,其物理性质、化学组成分别如表 4-1、表 4-2 所示。减水剂采用的是聚羧酸减水剂(PS)和脂肪族减水剂(AS),它们的主要性能参数见表 4-3。所用水为自来水,生产厂家为徐州自来水公司。

表 4-1　水泥的物理性质

材料	密度 /(g/cm³)	标准稠度 需水量/%	细度 (0.08 mm 筛余)	方孔比表 面积/(m²/kg)
水泥	3.15	29.2	0.88	≥340

表 4-2　水泥的化学组成

化学组成	SiO_2	Al_2O_3	Fe_2O_3	CaO	MgO	烧失量
比例/%	22.4	5.38	3.22	65.5	2.11	0.13

表 4-3　减水剂的性能参数

试剂	外观	固体物 含量/%	密度/ (g/mL)	Cl 离子 含量/%	碱含量 /%	pH 值	减水率 /%
PS	淡黄色 液体	25±2	1.07± 0.02	8.39±0.02	≤0.2	6～8	25～45
AS	棕黄色 液体	>35	—	—	—	9～10	15～25

4.2 试验方法及设备

4.2.1 试验方法

(1) 水泥净浆制备

① 称料

称取试验配比中对应质量的水泥、水和减水剂,减水剂加入水中后用玻璃棒搅拌 30 s。

② 水泥浆体的制备

将称取好的水泥和充分搅拌均匀的减水剂与水的混合液加入搅拌桶内,启动搅拌机以低速搅拌 30 s,停止 5 s 后以高速搅拌 1.5 min 制得水泥浆体。

(2) 超声作用下水泥浆体制备

水泥净浆制备同上。将制得的水泥浆体迅速倒入 400 mL 烧杯中,再将磁力转子放入烧杯中后置于磁力搅拌器上,以 100 r/min 的速度匀速搅拌,同时开启超声仪器,将超声探头置于烧杯中浆体液面之下 6 mm。待到达指定超声时间后,取出磁力转子和超声分散浆体等待下一步骤。

(3) 水泥胶砂制备、成型

将(1)(2)中已制备的水泥净浆参照《水泥胶砂强度检验方法(ISO 法)》(GB/T 17671—2021)的方法制备水泥砂浆并在振动台上成型胶砂试件。

(4) 水泥胶砂试件的养护与强度测试

将(3)中已成型的胶砂试件放入标准养护箱中以温度 20 ℃±1 ℃、湿度 95% 养护至相应龄期(3 d、7 d、28 d),测试其抗压和抗折强度。

需要注意的是,为保证每次浆体在超声后加入搅拌锅的质量一致,需预先搅拌一锅样品,倒入烧杯中以使其内壁沾有一定量的水泥浆体,同时需保证每次超声前后加入搅拌锅内的样品质量误差在 0.5 g 以内。

4.2.2　试验设备

(1) 超声仪器

本试验所用超声装置采用上海生析超声仪器有限公司超声分散仪 FS-300N 型探头式超声发射器(如图 4-1 所示),其频率固定为 20 kHz,可自由调节功率 30～300 W;所用探头直径为6 mm,超声波辐照方式为连续式和间歇式;超声波辐照水泥净浆时探头浸没于浆体下 6 mm。试验时将搅拌后的浆体直接倒入烧杯中,再将烧杯置于磁力搅拌装置上搅拌,边超声边搅拌以减少超声波传递时声波衰减的影响。

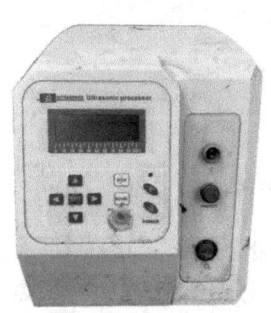

(a) 超声分散仪　　　　　　　　　　(b) 超声探头

图 4-1　超声分散仪及超声探头

(2) 微观观察设备

针对新拌浆体试样,本试验使用中国矿业大学材料学院的超景深电子显微镜[图 4-2(a)]对其微观形貌进行观察;针对硬化浆体试样,使用 TESCAN VEGA 钨丝扫描电镜[图 4-2(b)]

进行观测。

（a）超景深电子显微镜　　　　　　　（b）扫描电镜

图 4-2　显微观测设备

4.3　试验研究内容

4.3.1　新拌浆体颗粒的分散行为表征

新拌浆体试样制备：每组水泥用量 450 g，采用 0.45 水灰比，按照 3.1 节试验方法制备三组试样，分别为 O 组、P 组、Q 组：O 组试样为未处理水泥净浆；P 组为以 240 W 功率分别超声 1 min 和 3 min 的水泥浆体，记为 P1 和 P2；Q 组试样为添加 0.3 g 减水剂的水泥浆体。将三组浆体制备完成后，分别吸取各组浆体 0.5 g 于 10 g 无水乙醇溶液中，振荡 30 s。然后分别取出各自样品于载玻片上，待乙醇挥发后放于电镜下观察水泥颗粒在水中的分布和团聚情况。

4.3.2　新拌浆体颗粒的分散行为量化

（1）试验目的

以新的量化方法评价浆体中颗粒的分散情况，并与超景深显微镜观察的分散行为进行比对，验证新的量化方法的可行性。

（2）背散射样品制备

背散射样品制备分为干燥处理、树脂浸渍、抛光研磨、喷涂处理四个步骤。将养护至规定龄期的试件取出，用工具将试件破碎，每个试样选取三个相对较平整的中心方形试样，大小约为 10 mm×10 mm×5 mm，试样放置在无水乙醇内浸泡 48 h 终止水化，浸泡完成后放入干燥箱烘干处理。

干燥完成后，用树脂浸渍样品以防止后续磨抛过程中助磨剂颗粒进入试样孔隙中，从而改变内部结构，破坏测试真实性。由于 BSE 图像是基于物相密度与组成元素原子质量的差别成像，样品的平整度是影响成像质量的关键，因此对树脂浸渍后的样品进行磨抛处理，磨抛后的样品表面光滑，界面平整，试样磨抛完成后，放入干燥箱干燥 48 h 以上，使磨抛过程喷洒的有机清洗剂挥发，最终完成背散射样品制备。磨抛后的样品如图 4-3 所示。

图 4-3　磨抛后的样品

（3）最近邻近距离统计法

最近邻近距离统计法是材料学和生态学中统计样品空间分布的常用方法，以样品之间的最近邻近距离平均值和均匀分布状态下的最近邻近距离的比值作为分散系数。根据最近邻近距离统计法，硬化浆体中存在多个未水化的水泥颗粒（数量记为 N），需先由式（4-1）计算各个未水化水泥颗粒之间的邻近距离 D_{ij}，再由式（4-2）计算各个未水化水泥颗粒之间的邻近距离平均值 $R_{\min}$。而理想的均匀分布状态下的最近邻近距离 R_i 与图片中未水化的水泥颗粒总数量 N 和图片面积 S 有关。

$$D_{ij} = \sqrt{(x_i + x_j)^2 + (y_i - y_j)^2} \tag{4-1}$$

$$R_{\min} = \frac{\sum_{k-1}^{N} D_{k,\min}}{N} \tag{4-2}$$

$$X = \frac{R_{\min}}{R_i} \tag{4-3}$$

$$R_i = \frac{\sqrt{S}}{\sqrt{N} + 1} \tag{4-4}$$

式中　D_{ij}——未水化水泥颗粒之间的邻近距离；

$D_{k,\min}$——该水泥颗粒与其他水泥颗粒间的最近距离；

N——图片中未水化水泥颗粒的总数量；

S——背散射图片面积；

i,j——任意不同的未水化水泥颗粒个体；

X——浆体中水泥颗粒的分散系数；

$R_{\min}$——各个未水化水泥颗粒之间的邻近距离平均值；

R_i——理想的均匀分布状态下的最近邻近距离。

分散系数 X 的取值范围为 $0 < X \leqslant 1$，当浆体中各个水泥颗粒团聚于一点时，分散系数为 0；当各个未水化水泥颗粒之间的距离相等且均匀分布时，分散系数为 1。可知，浆体中水泥颗粒越分

散,分散系数 X 越接近于1。

（4）新拌浆体颗粒分散性的量化分析方法

对水泥颗粒的分散行为评价需要量化未水化水泥颗粒在硬化浆体中的大小和分布情况,首先需要对硬化水泥净浆的背散射图片进行处理。背散射图片处理过程见图 4-4。其处理步骤如下。

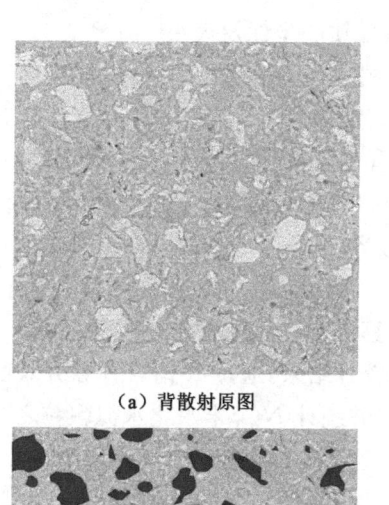

（a）背散射原图

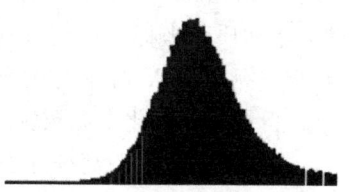

（b）灰度分布图

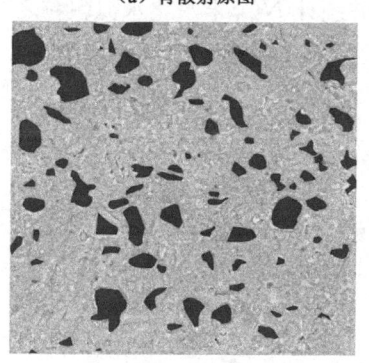

（c）处理之后的图片

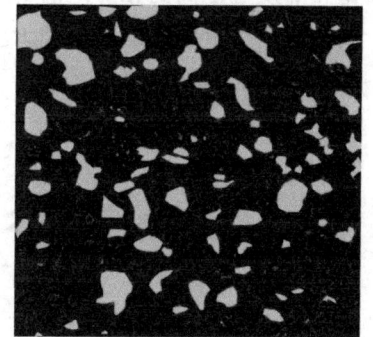

（d）图像反向图片

图 4-4　背散射图片处理过程

① 识别未水化的水泥颗粒

利用 Photoshop 软件对背散射原图进行灰度分析,灰度分布数据见图 4-4(b)。

根据灰度分析数据选择合适的阈值,有效区分出未水化水泥颗粒及其他水化产物,并利用油漆桶工具明确标识未水化水泥颗粒,如图 4-4(c)所示。

② 计算并统计未水化水泥颗粒质心坐标及大小

利用 ImageProPlus 软件对①中处理后的图片进行图像反向处理,处理结果如图 4-4(d)所示。再利用 ImageProPlus 软件自带的 count 和 size 功能对图像中青色亮斑(代表未水化水泥颗粒)的大小和质心坐标进行统计输出。其中以图片左上角为坐标原点,向右延伸为 X 轴,向下延伸为 Y 轴。

③ 量化未水化水泥颗粒的分布状态

采用最近邻近距离统计法计算未水化水泥颗粒的分布状态,根据②中未水化水泥颗粒质心的统计结果,通过 R 语言计算并获得相邻质心之间的相对距离,输出并统计 N 个未水化水泥颗粒之间的最近邻近距离的平均值 R_{min}。相邻水泥颗粒间的距离 R_i 和其他距离表示如图 4-5 所示。

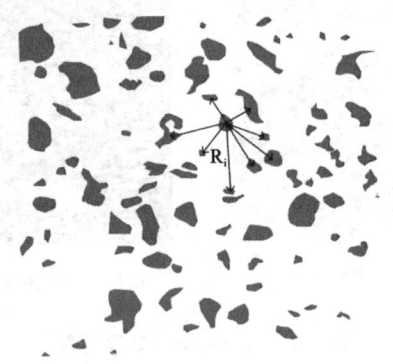

图 4-5　未水化水泥颗粒间的邻近距离

4.4　试验结果与分析

4.4.1　新拌浆体颗粒的分散行为表征

通过超景深电子显微镜对待测浆体进行拍摄,图 4-6、图 4-7、图 4-8 分别展示的是 O 组、P 组、Q 组浆体中水泥颗粒的分布状态。图 4-6(a)(b)分别为放大倍数为 400 和 800 的未处理的 O 组照片。图 4-7(a)(b)分别展现的是在恒定超声功率下超声时间为 1 min 和 3 min 的 P 组浆体中水泥颗粒的分布图片。图 4-8(a)(b)分别为放大倍数为 400 和 800 的掺 0.3 g 减水剂的 Q 组照片。

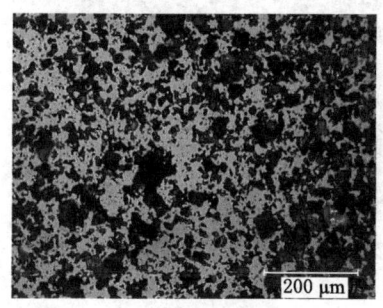 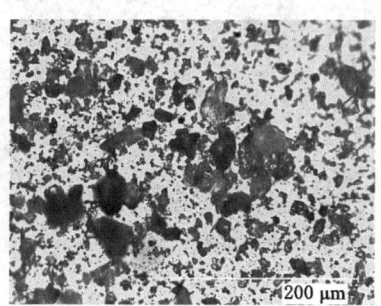

（a）放大倍率400　　　　　　　　（b）放大倍率800

图 4-6　O 组浆体中水泥颗粒分布状态

从图 4-6 可以看出,水泥与水混合后产生了大量的絮凝结构,不同粒径的水泥颗粒之间相互搭接、聚集成团。图片在放大后可以清楚看到,大颗粒周边黏附着许多小颗粒,小颗粒与小颗粒之间相互搭接形成絮凝的团聚体,大颗粒与大颗粒之间通过小颗粒相互搭接,大小颗粒在浆体中分布极为不均匀。这是因为水泥与

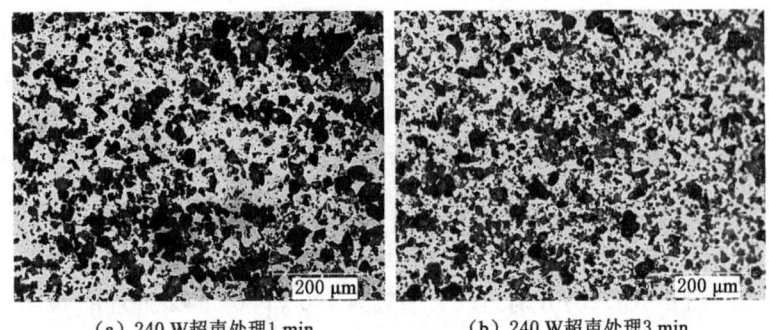

(a) 240 W超声处理1 min　　　　(b) 240 W超声处理3 min

图 4-7　P 组浆体中水泥颗粒分布状态

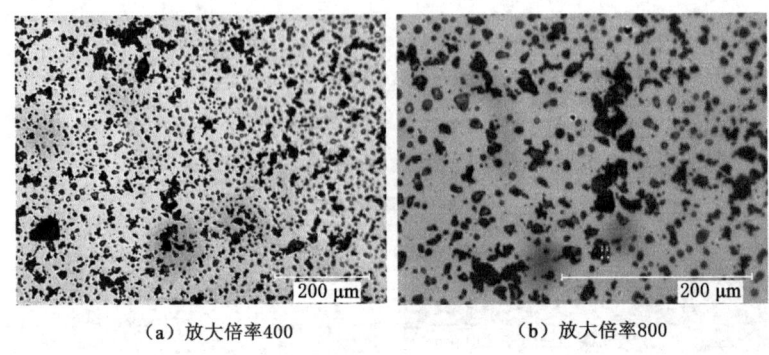

(a) 放大倍率400　　　　(b) 放大倍率800

图 4-8　Q 组浆体中水泥颗粒分布状态

水相遇后,各矿物相发生溶解使得水泥颗粒表面带有正负两种不同的电荷,在静电引力和范德瓦尔斯力的影响下团聚所导致的。

　　从图 4-7 可以看出,水泥浆体经超声作用后,团聚的絮凝结构有所减少,大颗粒与大颗粒之间相互搭接,较多的小颗粒之间相互搭接,大颗粒与小颗粒间的搭接较少,不同粒径颗粒之间的分布略好于 O 组。随着超声时间的增加,团聚的絮凝结构进一步减少,大颗粒和小颗粒较为均匀地分布在浆体中。这说明超声作用可以实现对絮凝颗粒的分散,且有利于不同大小颗粒间的均匀分布。

从图 4-8 可以看出,浆体中加入减水剂后,絮凝的水泥颗粒数量大幅减少,浆体中多为单个的水泥颗粒,但仍可以观察到大颗粒之间形成絮凝的水泥颗粒。图片进一步放大后可以看到,大颗粒之间形成较大的絮团,而小颗粒几乎均以单个颗粒的形式存在。浆体中大小颗粒之间的分布状态仍较差。这说明减水剂的加入有助于减少小颗粒之间的絮团,对大颗粒絮团的影响较小,从而实现对浆体颗粒的分散作用,但对颗粒之间的分布状态改善不大。这是因为聚羧酸减水剂通过静电作用吸附在水泥颗粒表面而使其带有同种负电荷,在静电斥力和空间位阻效应的影响下水泥颗粒得以分散。同时由于水泥颗粒(尺寸数微米至数十微米)远大于减水剂分子(尺寸数纳米至数十纳米),减水剂只吸附于水泥颗粒表面的一小部分,同种电荷间的斥力使得小颗粒之间相对分散。但对大粒径的水泥颗粒而言,由于此时的减水剂掺量较少,水泥颗粒表面吸附的减水剂较少,电荷间的斥力较小,不足以分散絮凝的大颗粒。

综上所述,超声作用有助于浆体颗粒的分散,且对大小颗粒间的均匀分布更加有利,但远小于减水剂对水泥颗粒的分散作用。同时随着超声时间的增加,超声作用对浆体中颗粒的分散能力更好。

4.4.2　新拌浆体颗粒的分散行为量化

通过水泥颗粒分散的量化分析方法统计 O 组、P 组、Q 组背散射图片的未水化水泥颗粒分散结果,所得分散系数的差异如图 4-9所示。

从图 4-9 中可以看出,未经处理的 O 组水泥浆体分散系数为

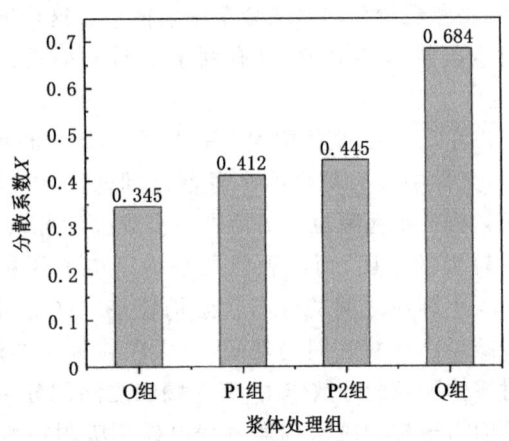

图 4-9　不同处理方式下浆体中颗粒的分散系数

0.345,这是由于水泥颗粒的絮凝作用所导致的。经 240 W 超声功率作用 1 min 的 P1 组浆体的分散系数为 0.412,比 O 组浆体上升了 0.067;随着超声时间增至 3 min(P2 组),浆体的分散系数得到进一步提升,为 0.445,比 O 组浆体上升了 0.100,上升幅度有所减小。分散系数的上升说明在超声作用下浆体中颗粒更加分散,与显微观测下浆体絮凝结构的减少相吻合。

　　同时可以看到,添加减水剂的 Q 组浆体分散系数为 0.684,比 O 组浆体上升了 0.339,比 P1、P2 组浆体分别上升了 0.272、0.239。从分散系数的变化量可以看出,减水剂的添加可大幅增加浆体中水泥颗粒的分散程度,且比超声作用下浆体的分散效果更好。这也符合了显微结构观测中减水剂的添加大幅减少了浆体中的絮凝颗粒这一实际观测效果。但 Q 组分散系数仅为 0.684,也说明减水剂对于水泥絮凝结构的分散作用还有很大的提升空间。

　　综上所述,本章提出的量化浆体中水泥颗粒分散性的分散系数很好地符合了显微结构观测的结果,说明利用分散系数 X 对颗粒分散状态的表征具有一定的可行性。但由于背散射试样制备需要进行多次抛光打磨过程,对样品处理的要求较高,且测试费昂贵,因此本书没能对分散系数表征颗粒分散性进行进一步的探索。

4.5 本章小结

(1)本章主要针对浆体中水泥颗粒的分散状态,建立了一种以最近邻近距离统计法为核心的量化分析方法。以硬化浆体中未水化水泥颗粒的分布状态反映初始状态下水泥颗粒的分散情况。量化分析方法主要有三步:背散射图片处理、质心位置确认、最近邻近距离统计。

(2)分散系数 X 越大,浆体中水泥颗粒之间越分散。当 X 等于 0 时,水泥颗粒之间的邻近距离为 0,此时所有水泥颗粒凝聚于一点;当 X 等于 1 时,水泥颗粒均匀分散于整个浆体。

(3)以显微结构观测的手段验证了以分散系数 X 表征浆体中颗粒分散行为的可行性。同时也表明超声作用有助于浆体中水泥颗粒的分散,且分散效果与超声时间有关。

5 超声振动对水泥基材料力学性能影响研究

水泥颗粒与水接触后各矿物相发生溶解使得颗粒表面带有不同的电荷,在静电引力和范德瓦尔斯力的影响下发生团聚而形成絮凝结构,絮凝结构的产生不利于浆体的流动和水化反应的进行,将对硬化水泥浆体的强度和耐久性产生影响。而现有搅拌方式由于自身的局限性难以实现聚团水泥颗粒的均匀分散。目前超声技术在纳米颗粒、陶瓷微粉、超细硅灰等颗粒的分散上发挥了重要作用,利用超声技术分散团聚的水泥颗粒将是一个不错的方法,且第 4 章已证实超声作用对浆体中颗粒的分散有利。

因此,本章将利用超声技术对水泥浆体进行处理,具体通过改变超声参数(功率和作用时间)、超声作用方式和水灰比的方式,研究超声作用下水泥基材料的力学强度变化规律;同时研究在减水剂存在的情况下不同超声参数对水泥基材料力学强度的影响;最后通过 XRD 和 SEM 微观检测手段以及水化热分析手段,剖析超声作用下浆体的强度变化机制。

5.1 原材料

本章试验所用的原材料有 P.O 52.5 水泥、水、砂和减水剂,砂采用徐州河砂。

5.2 试验研究内容

由超声强化分散颗粒的研究现状可知,超声处理可以实现不同尺度聚团颗粒的分散,且分散效果随超声参数、超声作用方式等变量的不同而具有明显差异。而浆体中颗粒的均匀分散有助于其性能的增长。因此,有必要探讨各种影响因素对浆体力学强度的影响。

5.2.1 超声功率和水灰比对水泥浆体力学强度的影响

(1)试验目的

超声"空化"效应的产生与超声波强度有关。一般来说,超声波强度越大,"空化"作用强度越大。但当强度到达某一定值后,"空化"趋于饱和,此时倘若继续增加超声强度则会产生大量无用气泡,不仅降低"空化"强度而且对浆体强度不利。由于此处超声作用面积固定,超声波强度只与功率大小有关,因此本试验研究超声功率对浆体力学强度的影响。

(2)试验方案

针对超声功率对水泥砂浆力学性能的影响,试验共分为 12 组,每组水泥用量 450 g,采用 0.45、0.50 两种水灰比,固定超声时间为 2 min,改变超声作用功率(180 W、210 W、240 W、270 W、300 W)进行试验。以不超声的试件 A0、A6 为 0.45 和 0.50 水灰比的参考组,A1~A5 研究在 0.45 水灰比下超声作用功率对砂浆力学性能的影响,A7~A11 研究在 0.50 水灰比下超声作用功率对砂浆力学性能的影响。超声功率对水泥砂浆力学性能影响的试验配比具体如表 5-1 所列。

表 5-1 超声功率对水泥砂浆力学性能影响的试验配比

编号	水泥/g	水/g	水灰比	超声功率/W	作用时间/min	砂/g
A0	450	202.5	0.45	0	0	1 350
A1	450	202.5	0.45	180	2	1 350
A2	450	202.5	0.45	210	2	1 350
A3	450	202.5	0.45	240	2	1 350
A4	450	202.5	0.45	270	2	1 350
A5	450	202.5	0.45	300	2	1 350
A6	450	225.0	0.50	0	0	1 350
A7	450	225.0	0.50	180	2	1 350
A8	450	225.0	0.50	210	2	1 350
A9	450	225.0	0.50	240	2	1 350
A10	450	225.0	0.50	270	2	1 350
A11	450	225.0	0.50	300	2	1 350

（3）力学强度测试方法

试件到达相应龄期后将试块取出，擦干表面水分，将左右两侧光滑面置于测试机上，以 50 N/s±10 N/s 的加载速度进行试验，试块断裂后，对其进行抗压强度的相关测试。

5.2.2 超声时间和水灰比对水泥浆体力学强度的影响

（1）试验目的

超声时间与声能密度的乘积与水泥净浆试样质量的比值表示单位质量水泥净浆所接受的能量，在超声作用水泥浆体过程中超声时间对水泥浆体颗粒的分散有很大的影响，不合适的超声处理时间不仅不能促进水泥颗粒的分散而且还会导致水泥颗粒的再聚集，对硬化水泥浆体的力学强度产生不利的影响。本试验研究超声作用时间对水泥浆体力学强度的影响。

（2）试验方案

考虑到实际应用过程中混凝土的搅拌时间一般为 30 s，故本试验增加 0.50 min 超声时间对砂浆力学性能的影响。针对超声时间对水泥砂浆力学性能的影响，试验共分为 10 组，每组水泥用量 450 g，采用 0.45、0.50 两种水灰比，固定超声功率为 240 W。由于超声分散纳米材料的作用时间在 30 min 左右，而水泥颗粒之间的相互作用力远小于纳米颗粒之间的作用力，因此取 0.5 min、1 min、3 min、4 min、5 min 五个超声时间进行试验。不超声的试件 A0、A6 分别为 0.45 和 0.50 水灰比的参考组，A12～A16 研究在 0.45 水灰比下超声作用时间对砂浆力学性能的影响，A17～A21 研究在 0.50 水灰比下超声作用时间对砂浆力学性能的影响。超声时间对水泥砂浆力学性能影响的试验配比具体如表 5-2 所列。

表 5-2 超声时间对水泥砂浆力学性能影响的试验配比

编号	水泥/g	水/g	水灰比	超声功率/W	作用时间/min	砂/g
A12	450	202.5	0.45	240	0.5	1 350
A13	450	202.5	0.45	240	1	1 350
A14	450	202.5	0.45	240	3	1 350
A15	450	202.5	0.45	240	4	1 350
A16	450	202.5	0.45	240	5	1 350
A17	450	225.0	0.50	240	0.50	1 350
A18	450	225.0	0.50	240	1	1 350
A19	450	225.0	0.50	240	3	1 350
A20	450	225.0	0.50	240	4	1 350
A21	450	225.0	0.50	240	5	1 350

5.2.3　超声作用方式对水泥浆体力学强度的影响

（1）超声作用方式

目前,超声波分散技术已在材料、医学、化学等领域广泛应用,按超声作用方式划分主要有两种形式——直接式和间接式,如图 5-1 所示。直接超声根据开停制度又可分为连续超声和间歇超声。由超声分散的研究现状可知,超声作用方式对分散效果也有一定的影响,因此,本试验研究超声作用方式对水泥砂浆体力学强度的影响。

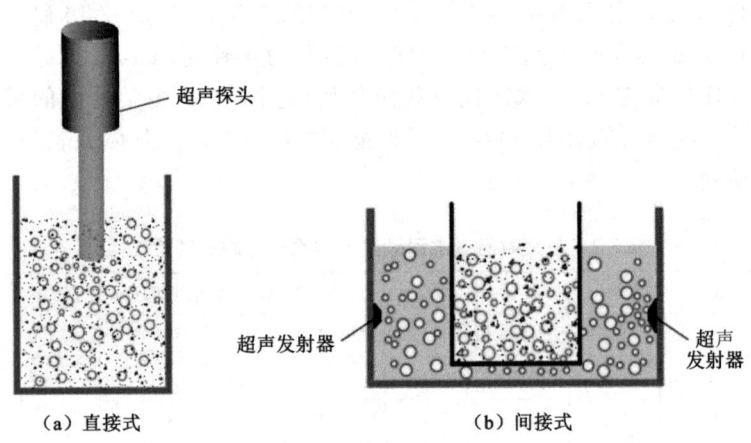

图 5-1　超声作用方式

（2）试验方案

针对超声作用方式对水泥砂浆力学性能的影响,试验共分为 6 组,每组水泥用量 450 g,采用 0.45、0.50 两种水灰比,固定超声功率为 240 W,超声作用有效时间为 3 min。改变超声作用方式（连续超声、间歇超声、间接超声）进行试验,其中间歇超声制度为超声 5 s 停 5 s,间接超声仪器采用可调节功率的超声清洗机。为

确保超声有效作用时间一致,间歇超声总超声时间为 6 min。以
A0、A6 组分别为 0.45 和 0.50 水灰比的参考组,A22～A24 研究
在0.45水灰比下超声作用方式对砂浆力学性能的影响,A25～
A27 研究在 0.50 水灰比下超声作用方式对砂浆力学性能的影
响。超声作用方式对水泥砂浆力学性能影响的试验配比具体如
表 5-3 所列。

表 5-3　超声作用方式对水泥砂浆力学性能影响的试验配比

编号	水泥/g	水/g	水灰比	超声功率/W	总超声时间/min	砂/g
A22	450	202.5	0.45	240	3	1 350
A23	450	202.5	0.45	240	6	1 350
A24	450	202.5	0.45	240	3	1 350
A25	450	202.5	0.50	240	3	1 350
A26	450	202.5	0.50	240	6	1 350
A27	450	202.5	0.50	240	3	1 350

5.2.4　超声作用对掺减水剂水泥浆体力学强度的影响

(1) 试验目的

超声"空化"作用的发生与"空化"阈值有关,而"空化"阈值与
液体介质的黏度、表面张力等有关。掺加减水剂不仅可以降低水
泥浆体的黏度,而且能够减小介质水的表面张力,对超声"空化"
作用的发生具有积极作用。因此,本试验研究在减水剂存在的前
提下超声作用对水泥浆体力学强度的影响。

(2) 试验方案

针对超声作用对掺减水剂水泥砂浆力学性能的影响,试验共
分为 11 组,每组水泥用量 450 g,采用 0.45 水灰比,固定减水剂
用量为 0.3 g,改变超声作用功率(设 180 W、210 W、240 W、

270 W、300 W)和超声作用时间(设 0.5 min、1 min、2 min、3 min、4 min、5 min)进行试验。以不超声的试件 A28 为参考组,A29～A33 研究超声作用功率对砂浆力学性能的影响,A34～A38 研究超声作用时间对砂浆力学性能的影响。超声作用对掺减水剂砂浆力学性能影响的试验配比具体如表 5-4 所列。

表 5-4　超声作用对掺减水剂水泥砂浆力学性能影响的试验配比

编号	水泥/g	水/g	减水剂/g	水灰比	超声功率/W	总超声时间/min	砂/g
A28	450	202.5	0.3	0.45	0	0	1 350
A29	450	202.5	0.3	0.45	180	2	1 350
A30	450	202.5	0.3	0.45	210	2	1 350
A31	450	202.5	0.3	0.45	240	2	1 350
A32	450	202.5	0.3	0.45	270	2	1 350
A33	450	202.5	0.3	0.45	300	2	1 350
A34	450	202.5	0.3	0.45	240	0.5	1 350
A35	450	202.5	0.3	0.45	240	1	1 350
A36	450	202.5	0.3	0.45	240	3	1 350
A37	450	202.5	0.3	0.45	240	4	1 350
A38	450	202.5	0.3	0.45	240	5	1 350

5.3　试验结果

5.3.1　超声功率和水灰比对水泥浆体力学强度的影响

随着超声功率的增大,浆体的抗压强度先上升后下降,在功率为 240 W 时,浆体的抗压强度最大。由试验结果可知,随着浆体水灰比的增大,各组砂浆的抗压强度均下降。在水灰比为 0.50

时,超声功率为 210 W 和超声功率为 240 W 下的 A8、A9 两组浆
体的抗压强度大小相当,在超声功率大于 240 W 时浆体的抗压强
度明显下降,与水灰比为 0.45 的各组浆体的强度变化规律大致
相同。

综上所述,在超声时间为 2 min 时,超声功率和水灰比的改变
对提升浆体的抗压强度的效果甚微。但考虑到超声时间可能存
在的影响,且结合强度变化规律以及实际运用方面搅拌时间的问
题,考虑采用 240 W 的超声功率进行进一步的研究。

5.3.2　超声时间和水灰比对水泥浆体力学强度的影响

图 5-2 所示为不同超声时间和水灰比下水泥砂浆的力学强度
变化。此处固定超声功率为 240 W。为了更好地说明超声时间
对砂浆力学强度的影响,试验增加了 0.45 和 0.50 水灰比的未超
声处理的浆体 A0 和 A6 为参考组。

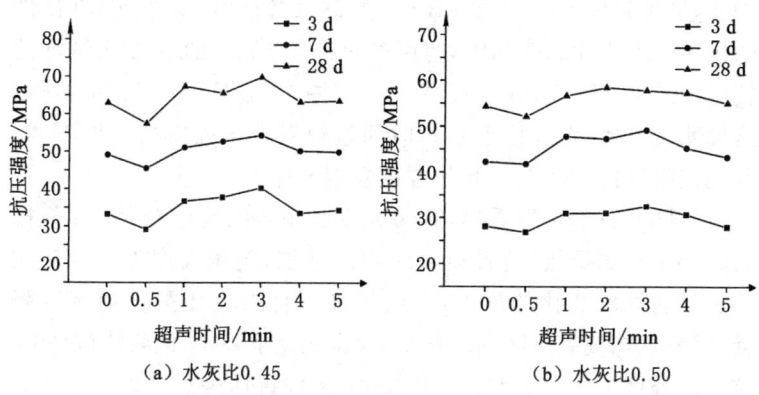

（a）水灰比0.45　　　　　（b）水灰比0.50

图 5-2　不同超声时间和水灰比下砂浆的力学强度

由图 5-2(a)可以看出,在 0.45 水灰比下,除超声时间为
0.5 min 的 A12 组外,其余超声组砂浆试件的抗压强度均在参考

组 A0 之上,且随着超声作用时间的增加,试件的抗压强度大致呈现先增加后减少的趋势。

在 3 d 龄期时,参考组 A0 试件的抗压强度为 33.23 MPa;超声时间为 0.5 min 时,A12 组浆体的抗压强度为 29.16 MPa,比 A0 组浆体强度低 4.07 MPa,这说明超声时间过短对早期强度的发展不利;超声时间为 1 min 时,A13 组浆体的抗压强度为 36.67 MPa,比 A0 组浆体强度提升 3.44 MPa;超声时间为 2 min 时,A3 组浆体的抗压强度为 37.74 MPa,比 A0 组浆体强度提升 4.51 MPa;超声时间为 3 min 时,A14 组浆体的抗压强度为 40.24 MPa,比 A0 组浆体强度提升 7.01 MPa,提升幅度高达 21.1%;而在超声时间为 4 min 和 5 min 时,A15 组和 A16 组浆体的抗压强度分别为 33.49 MPa、34.32 MPa,与 A0 组浆体强度基本持平。

在 7 d 龄期时,参考组 A0 试件的抗压强度为 49.10 MPa,超声时间为 0.5 min 的 A12 组试件的抗压强度为 45.51 MPa,较 A0 组试件强度下降 3.59 MPa。在 28 d 龄期时,参考组 A0 试件的抗压强度为 62.97 MPa,超声时间为 0.5 min 的 A12 组试件的抗压强度为 57.43 MPa,较 A0 组试件抗压强度下降 5.54 MPa。这说明在 0.45 水灰比下超声时间过短对抗压强度的发展不利。其他四组试件 7 d、28 d 抗压强度发展规律与 3 d 类似。

从图 5-2(b)可以看出,0.50 水灰比下各组抗压强度变化规律与0.45水灰比类似,随着超声时间的增加,抗压强度先增加后减小。且随着水灰比的增大,各组浆体试件的抗压强度均有所降低,但降低幅度有所区别。在 0.50 水灰比下,A17 组浆体试件3 d 抗压的强度为 26.87 MPa,较 A6 组试件抗压强度(28.13 MPa)低 1.26 MPa,比 0.45 水灰比下略有提升。这说明水灰比的增大对于在 30 s 超声时间下浆体的抗压强度提升有一定的效果。

综上所述,在 240 W 超声功率下,短时间(30 s)的超声作用对于试件抗压强度的提升不利,但水灰比的增加可以弥补短时间超声作用造成的不利影响。同时随着超声时间的增加,试件的强度大致呈现先增加后减小的趋势。在超声时间为 3 min 时,试件的强度达到最高,因此选取 240 W 超声功率、3 min 超声作用时间为合理的超声参数。

5.3.3 超声作用方式对水泥浆体力学强度的影响

图 5-3 所示为不同超声作用方式下水泥砂浆的力学强度随龄期变化。此处固定超声功率为 240 W,超声有效时间为 3 min。为了更好地说明超声作用方式对砂浆力学强度的影响,以 0.45 和 0.50 水灰比的未超声处理的试样 A0 和 A6 为参考组。

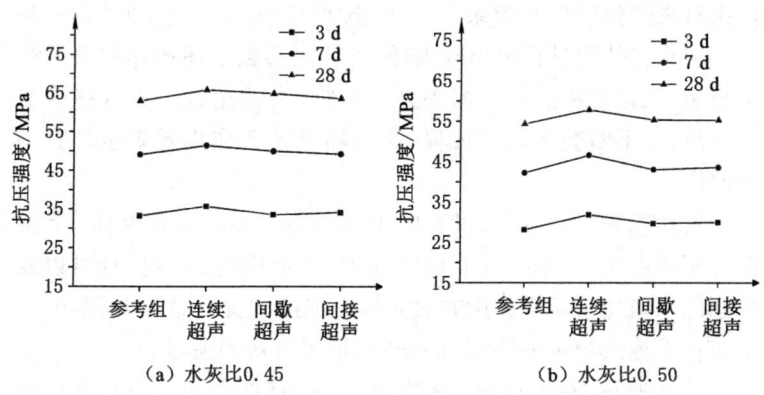

（a）水灰比0.45　　　　（b）水灰比0.50

图 5-3 不同超声作用方式下砂浆的力学强度

从图 5-3(a)可以看出,0.45 水灰比下对浆体进行超声处理有助于强度的提升,且不同超声作用方式对砂浆的强度提升大小有所区别。在 3 d 龄期时,参考组 A0 试件抗压强度为 33.23 MPa,连续超声作用方式下的 A22 试件抗压强度为 35.78 MPa,间歇超声方式下的 A23 试件的抗压强度为 33.54 MPa,间接超声作用下的 A24 砂浆试件的抗压强度为 34.19 MPa,均较 A0 试件强度有了一定的提高,但提升幅度较小,其中最大提升幅度仅 2.55 MPa(A22 组)。在 28 d 龄期时,参考组 A0 试件抗压强度为62.97 MPa,连续超声作用方式下的 A22 试件抗压强度为 65.77 MPa,间歇超声方式下的 A23 试件的抗压强度为 64.81 MPa,间接超声作用下的 A24 试件的抗压强度为 63.54 MPa,均较 A0 试件强度有了一定的提高但提升幅度亦较小,其中最大提升幅度仅2.80 MPa(A22 组)。这可以说明在连续超声、间歇超声、间接超声作用下,浆体的强度均有所提高,其中连续超声作用下抗压强度提升最大。

对比相同配比、相同超声参数的 A22 和 A14 可以发现,超声作用对浆体强度提升效果不一致,这可能有以下两点原因:一是超声探头在使用过程中出现损耗,对相同参数下超声作用效果产生影响;二是使用的超声探头是变幅杆,在使用过程中程序为减少发热,需不断变化超声振幅,而振幅对超声作用效果也具有一定的影响。

对比图 5-3(a)(b)可以看出,0.50 水灰比的 A6 组浆体 3 d 龄期抗压强度为 28.13 MPa,低于 0.45 水灰比的 A0 组,且可以发现不同水灰比下超声作用方式对抗压强度的提升效果类似,0.50水灰比下连续超声的 A25 组抗压强度提升最为明显。

综上所述,在不同超声作用方式下,连续超声对抗压强度的提升最高,而水灰比对超声作用提升抗压强度的影响较小。因此下面将围绕 0.45 水灰比展开进一步的讨论。

5.3.4 超声作用对掺减水剂水泥浆体力学强度的影响

图 5-4 所示为超声作用下掺减水剂的水泥砂浆力学强度随龄期变化。此处固定水灰比为 0.45,减水剂掺量为 0.3 g。为了更好地说明超声作用方式对砂浆力学强度的影响,以 0.45 水灰比、掺 0.3 g 减水剂、未超声处理条件的 A28 为参考组。

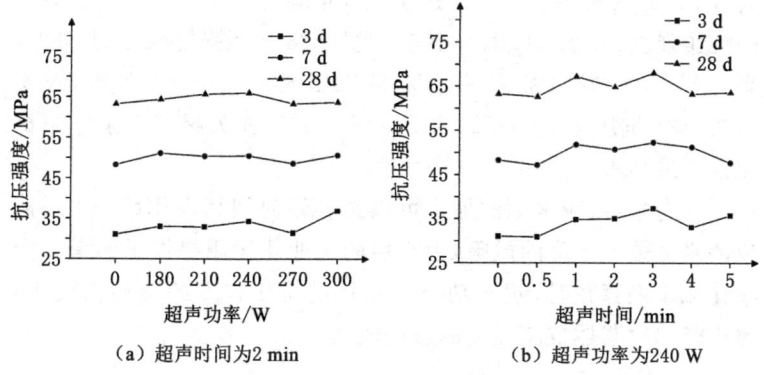

图 5-4 超声作用下掺减水剂砂浆的力学强度

从图 5-4(a)所示超声功率对掺减水剂浆体抗压强度的影响可以看出,掺加减水剂的浆体在超声作用下各龄期强度均有所增加,但随着超声功率的增加,试件的强度增长不太规律。3 d 龄期时,未超声的 A28 的抗压强度为 31.04 MPa,超声时间为 2 min,不同超声功率下的各试件的抗压强度分别为 32.97 MPa、32.88 MPa、34.29 MPa、31.38 MPa、36.9 MPa,较 A28 抗压强度分别增长 1.93 MPa、1.84 MPa、3.25 MPa、0.34 MPa、5.86 MPa。7 d龄期和 28 d 龄期各试件强度变化亦毫无规律可言,强度变化均在正常波动范围内。这说明在掺减水剂的情况下,超声功率的变化对试件抗压强度几乎无影响。

从图 5-4(b)所示超声时间对掺减水剂浆体抗压强度的影响可以看出,在 240 W 超声功率下,超声时间为 30 s 时,龄期 3 d 的A34 抗压强度为 30.89 MPa,较参考组 A28 抗压强度(31.04 MPa)低0.15 MPa,这说明减水剂的掺加亦可以弥补在短时间超声作用(30 s)下带来的强度下降的风险。3 d龄期、超声时间为3 min的A36 抗压强度为37.4 MPa,较参考组 A28 抗压强度

高 20.5%,为超声组浆体中抗压强度最高者。在 7 d 龄期时,A36
的抗压强度为 52.28 MPa,较参考组 A28 抗压强度(48.27 MPa)
高 8.3%。在 28 d 龄期时,A36 的抗压强度为 68.06 MPa,较参
考组 A28 抗压强度(63.24 MPa)高 7.6%,亦为超声组浆体中抗
压强度最高者。

综合来看,减水剂的加入可以弥补短时间超声作用(30 s)造
成的浆体强度下降的风险,为之后的工业化运用提供了参考。同
时在减水剂存在时,超声功率对浆体的抗压强度的影响仍较小,
超声时间对浆体抗压强度的影响较大。

5.4 超声作用对水泥浆体水化特性的影响

(1) 未超声水泥浆体的水化放热速率和放热量

水泥水化是一个放热过程,对应于不同阶段,水泥水化放热
速率不同,因此,可以通过观察水泥水化放热速率曲线判别水泥
的早期水化进程。图 5-5 为 A0 和 A14 水泥浆体 3 d 的水化放热
速率和放热量曲线,其中 A0 为参考组,为未超声的水泥浆体,

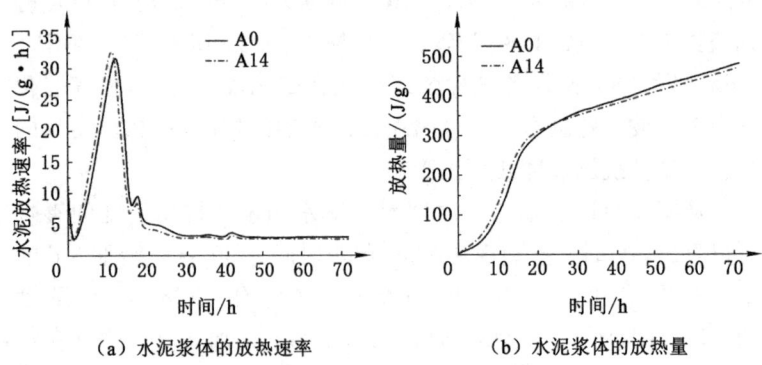

(a) 水泥浆体的放热速率　　(b) 水泥浆体的放热量

图 5-5　水泥净浆水化热

A14 为以 240 W 功率超声 3 min 的水泥浆体。从图 5-5(a)中未超声的 A0 的水泥水化放热速率曲线可以清楚看出水泥水化呈现"三峰状"：早期 C3A 遇水快速水化生成钙矾石,形成第一个放热峰,但持续时间很短；10 h 左右 C3S 开始水化,产生大量的水化热,形成第二个放热峰；在 17 h 左右出现第三个放热峰,可能是由于水泥中掺杂的矿物掺合料在 $Ca(OH)_2$ 的激发下发生水化反应。从图 5-5(b)中 A0 的水泥水化放热量曲线可以看出,随着水化时间的增加,水泥水化放热量不断增多,3 d 水化的总放热量达到 480.97 J/g。

(2) 超声作用下水泥浆体的水化放热速率和放热量

从图 5-5(a)可以明显看出,在对水泥浆体进行超声处理后,水泥水化放热速率在 0～10 h 内明显加快,C3S 水化对应的第二放热峰形成提前,且第二放热峰对应的水化放热速率增大,主要是由于超声作用于水泥浆体导致絮凝的水泥颗粒分散,促进了水泥的水化反应。从图 5-5(b)可以看出,超声处理的 A14 浆体水化放热量在 15 h 之前均大于未处理的 A0 浆体,在 15 h 之后小于 A0,这说明超声作用可以明显加快水泥浆体的水化反应进程。

(3) 超声作用下水泥水化产物分析

从水化热的分析结果来看,超声作用加快了水泥浆体的水化反应速率。为了进一步证明超声对水泥浆体的作用,使用 X 射线衍射分析超声作用下水化产物 $Ca(OH)_2$ 的变化规律,结果如图 5-6所示。

从图 5-6 可以看出,A0 和 A14 的 XRD 衍射峰基本一致,说明超声作用并不会改变水泥水化的生成产物；但各物相的衍射峰高度有所区别,说明各物相的含量发生了变化。为更加清晰地了解超声作用对水泥水化特性的影响,需进一步地进行 $Ca(OH)_2$ 物相的定量分析,以 $Ca(OH)_2$ 含量变化说明水泥水化程度的差别。

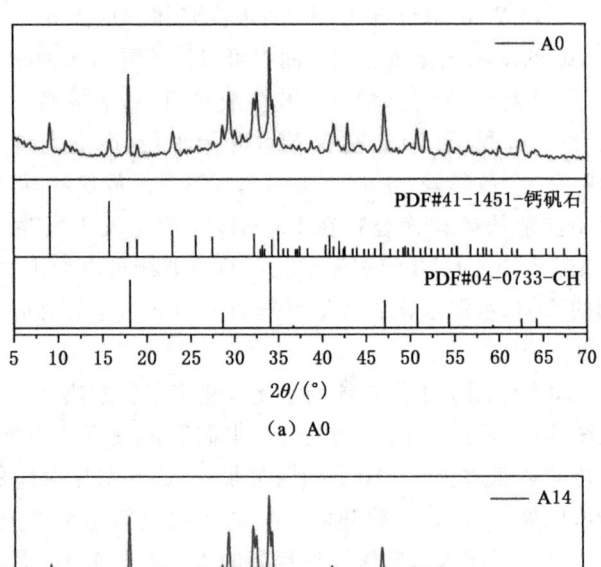

（a）A0

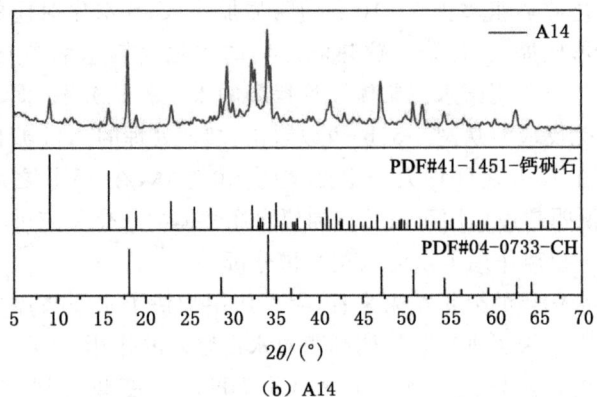

（b）A14

图 5-6　X 射线衍射分析结果

　　由于水泥水化产生无定形的 C-S-H 凝胶,采用 Rietveld 定量分析水化产物的含量时,测得的晶体物相的含量偏高,但不影响以 $Ca(OH)_2$ 含量判别水泥水化程度。水化产物的晶相相对含量如表 5-5 所列。对比分析 A0 和 A14 水化产物的相对含量可知,经超声处理的浆体水化产物钙矾石、$Ca(OH)_2$ 含量增多,熟料

C2S 含量减少,这说明超声作用加快了水泥水化反应,尤其是加快了 C2S 的水化。

表 5-5　晶相的半定量分析结果　　　　　　　　单位:%

编号	C3S	C2S	CH	钙矾石	SiO$_2$
A0	29.1	21.3	31.9	15.9	1.8
A14	28.7	16.3	34	18.7	2.3

5.5　超声作用对水泥浆体微观结构的影响

28 d 龄期硬化浆体试样的扫描电镜图片如图 5-7 所示。图 5-7 (a)(b)分别为放大倍数为 2 000 倍和 4 000 倍的未经超声处理的水泥净浆试样的 SEM 图片,图 5-7(c)(d)分别为放大倍数为 2 000 倍和 4 000 倍的经 240 W 超声 3 min 净浆试样的 SEM 图。

从图 5-7(a)可以发现,未超声处理的水泥净浆试样在 28 d 龄期时,其内部存在大量的水化产物,无定形的 C-S-H 凝胶、Ca(OH)$_2$、钙矾石相互交织在一起,但仍存在较多孔隙结构。从图 5-7(b)可以看出,试样内部结构疏松多孔,且无定形的 C-S-H 凝胶分布不均匀,浆体表面十分粗糙,凹凸不平。

从图 5-7(c)可以看出,经超声处理的浆体试样在 28 d 龄期时,其内部存在的无定形 C-S-H 凝胶均匀分布,试样表面平整,无明显孔隙结构,结构较为密实。从图 5-7(d)可以看出,试样表面覆盖一层均匀的 C-S-H 凝胶,内部结构均为无定形凝胶所覆盖,结构十分密实。

综合分析可知,合适的超声作用有助于改善浆体内部的孔隙结构和 C-S-H 凝胶的均匀分布,对硬化浆体的强度发展十分有利。

（a）未超声（放大倍率：2 000）

（b）未超声（放大倍率：4 000）

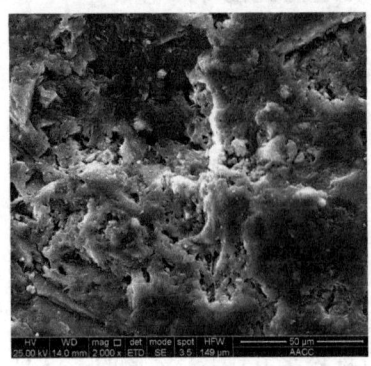
（c）超声处理（放大倍率：2 000）

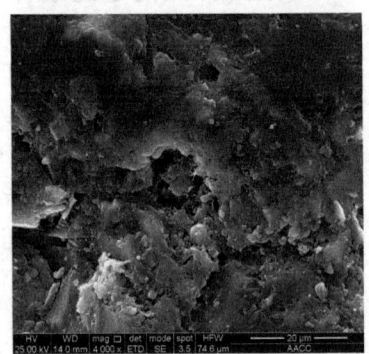
（d）超声处理（放大倍率：4 000）

图 5-7　净浆试样的 SEM 图片

机理分析：当以一定功率超声波作用于水泥浆体时，在合适的作用时间下浆体中会产生空化作用，在水泥颗粒表面形成大量的空化气泡，空化气泡在破裂时产生的高速冲击波和微射流会对水泥颗粒产生强烈的冲击作用。

当选择的超声参数合适时，超声波在浆体中产生空化效应，在水泥颗粒表面形成大量的空化气泡，空化气泡在溃灭时产生的能量对团聚的水泥颗粒具有分散作用,使得浆体中颗粒分布更加均匀,水泥与水的接触面积更大,水泥水化反应因此加快,这可从超声作用加快早期水泥水化放热速率和水泥水化产物 $Ca(OH)_2$ 含量增多两方面得以佐证,此时浆体的强度较高。

5.6 本章小结

本章研究了超声功率、超声时间、水灰比、超声作用参数、减水剂掺加等影响超声空化的因素对浆体抗压强度的影响,并以微观手段分析了强度变化机理,主要得出以下几点结论:

(1)在不同水灰比下,超声功率对浆体抗压强度的影响不大,且规律不太明显,其中以 240 W 超声功率作用时浆体的抗压强度最大。

(2)当超声功率为 240 W 时,不同超声作用时间下浆体的抗压强度均有所上升,但 30 s 作用时间例外。且浆体强度随超声时间的增加大致呈现先增加后较小的规律,其中最优时间为 3 min。

(3)在不同水灰比下,超声时间和超声功率对浆体抗压强度的影响效果不同,但不同水灰比对超声作用下浆体强度的影响变化不大。

(4)不同超声作用方式下浆体的抗压强度均有所提升,且不随水灰比的变化而出现不同,强度变化中以直接超声方式效果最好。

(5)增加水灰比和添加减水剂可减弱 30 s 超声时间带来的强度下降的作用。

(6)对水泥浆体进行超声处理可加快浆体的早期水化反应速率,且不会改变水化产物的类型,但可以加快熟料矿物的水化,对浆体结构的致密性有利。

6 超声振动对水泥浆体 流变性能影响研究

流变学是研究流体在外力作用下内部各质点间相对运动和形变的科学,是研究宏观物体性能随微观结构变化的科学。流变学中可通过测定屈服应力和塑性黏度两者的变化规律确定外加剂或其他材料对浆体工作性能的影响,同时也能够反映出悬浮液体系内部颗粒间的团聚状况及分散状态。

由前两章可知,超声作用改变了水泥浆体中颗粒的分布状态,对硬化后浆体的力学强度也产生了一定的影响。为探究超声作用下浆体性能变化的内在机理,本章将通过改变超声作用参数,研究超声作用下水泥浆体剪切应力、表观黏度等流变参数随时间的变化,以此建立合适的流变模型;同时研究超声和减水剂共同作用对水泥浆体流变性能的影响;最后以屈服应力、塑性黏度的经时变化规律研究超声作用和外加减水剂对水泥浆体工作性能产生影响的内在机理。

6.1 原材料及测试程序

6.1.1 原材料

试验所用原材料有 P.O 52.5 水泥、水和减水剂,它们的性能具体见前面章节,此处不再介绍。

6.1.2　流变测试程序及试验方法

本试验所用流变仪采用 BROOKFIEID 公司生产的 RST-SST 型旋转流变仪,转子采用 VT-60-30 型四叶桨式转子,其直径为 30 mm、高度为 60 mm,测试范围为剪切应力 6～200 Pa。流变测量系统如图 6-1 所示。

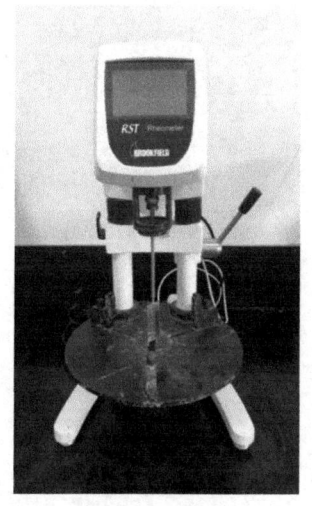

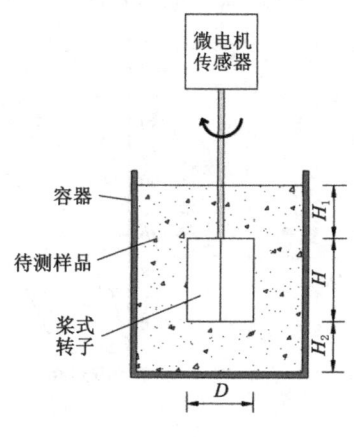

（a）RST-SST型流变仪　　　　　　　（b）流变测量示意图

图 6-1　流变测量系统

（1）流变测试程序

流变程序采取的是剪切控制速率（CSR）模式,共分三个阶段:预剪切阶段（30 s）、停止阶段（15 s）和剪切阶段（180 s）。

测试程序具体为:先对待测水泥浆体进行 30 s 的预剪切处理以消除初始浆体不均匀带来的误差。在预剪切阶段,剪切速率先从 0 匀速上升至 30 s^{-1}再匀速下降至 0,随后等待 15 s,开始正式进入剪切阶段。在剪切阶段,剪切速率先从 0 匀速升至 100 s^{-1} 再匀速下降至 0。测试过程中,每隔 1 s 获取一个数据点,在剪切阶段共获得 180 个有效数据。从较高的剪切速率下开始获取流变数据可以降低水泥浆体的不均匀性对流变性能的影响,因此对剪切速率下降段 100～2.5 s^{-1} 的剪切应力-剪切速率数据进行数学拟合得到流变方程,根据所得流变方程获取相应的屈服应力和塑性黏度。流变测试程序如图 6-2 所示。

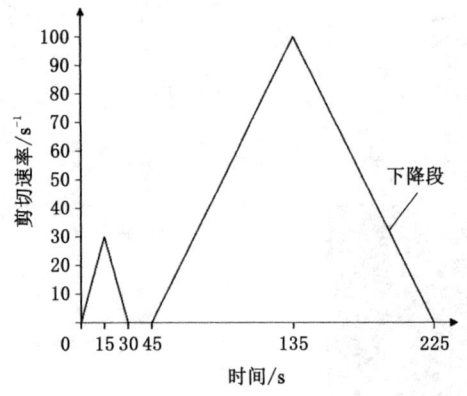

图 6-2　流变测试程序

（2）流变试验方法

在水泥水化早期（0～15 min），水泥水化反应足够缓慢,因此此阶段可以忽略超声作用时间对于流变性能产生的影响。将测试中要使用的各组件提前一天放置于恒温水浴中（水浴温度20 ℃±2 ℃）,使用时将其取出,用抹布抹干。流变测试步骤:取出第 3 章中制备的水泥浆体,将其迅速转移到 400 mL 烧杯中,随后将其置于流变测试仪器上,运行 4.2 节的流变测试程序进行流变性能的测试。

6.2 试验研究内容

6.2.1 超声作用对水泥净浆流动度和泌水率的影响

（1）试验方案

前期试验研究表明，超声时间在 0～1 min 之间时，水泥浆体的流动度和泌水性均未发生明显变化。针对超声作用对水泥浆体流动度及泌水率的影响，试验共分为 10 组，每组水泥用量 450 g，采用 0.50 水灰比。以 B1 为参考组。固定超声时间为 2 min，改变超声作用功率（180 W、210 W、240 W、270 W、300 W），研究超声功率对浆体流动度及泌水率的影响。固定超声功率，改变超声作用时间（1 min、2 min、3 min、4 min、5 min），研究超声时间对浆体流动性及泌水率的影响。具体试验配比如表 6-1 所列。

表 6-1 超声作用对水泥净浆流动度及泌水率影响的试验配比

编号	水泥/g	减水剂/g	水/g	水灰比	超声功率/W	作用时间/min
B1	450	0	225	0.50	0	0
B2	450	0	225	0.50	180	2
B3	450	0	225	0.50	210	2
B4	450	0	225	0.50	240	2
B5	450	0	225	0.50	270	2
B6	450	0	225	0.50	300	2
B7	450	0	225	0.50	240	1
B8	450	0	225	0.50	240	3
B9	450	0	225	0.50	240	4
B10	450	0	225	0.50	240	5

（2）试验测试方法

① 净浆流动度测试方法

为了不改变超声作用浆体量，本试验水泥净浆流动度测试固定使用 450 g 水泥，以试验方案中水灰比，慢速搅拌时间为 30 s，快速搅拌时间为 1 min，其他测试步骤同《水泥与减水剂相容性试验方法》(JC/T 1083—2008)。处理后的浆体按照规范要求测量其流动度，并记录数据。

② 泌水率测试方法

取流动度试验剩余水泥净浆 60 g±1 g(M_1)，将其密封放置于小瓶中，每隔 30 min 用胶头滴管吸取瓶内上层清液，称量其质量(精确至 0.01 g)，待浆体泌水量小于 0.1 g 时，每隔 5 min 吸取一次上层清液，直至浆体不再泌水为止，计算全部上层清液质量，即为总泌水量 M_2。泌水率计算公式为：

$$M = (M_2/M_1) \times 100\% \tag{6-1}$$

式中　M——泌水率，无量纲；

　　　M_1——待测水泥净浆质量，g；

　　　M_2——浆体总泌水量，g。

6.2.2　超声作用对掺减水剂水泥浆体流动度和泌水率的影响

因超声时间对于水泥浆体流动度和泌水率的影响较大，因此本节主要改变超声时间来研究超声与减水剂共同作用对水泥浆体流动性和泌水率的影响。试验共分为 7 组，每组水泥用量 450 g，采用 0.45 水灰比。以 B11、B12 为参考组，其他组固定超声功率为 240 W，改变超声作用时间(1 min、2 min、3 min、4 min、5 min)，研究减水剂和超声作用对浆体流动度及泌水率的影响。具体试验配比如表 6-2 所列。

表 6-2　超声作用对掺减水剂浆体流动性和泌水率影响的试验配比

编号	水泥/g	水/g	减水剂/g	水灰比	超声功率/W	作用时间/min
B11	450	202.5	0	0.45	0	0
B12	450	202.5	0.5	0.45	0	0
B13	450	202.5	0.5	0.45	240	1
B14	450	202.5	0.5	0.45	240	2
B15	450	202.5	0.5	0.45	240	3
B16	450	202.5	0.5	0.45	240	4
B17	450	202.5	0.5	0.45	240	5

6.2.3　超声功率对水泥净浆流变参数的影响

本试验针对超声功率对水泥净浆流变参数的影响。试验编号 C0~C5,共 6 组,以不超声的试件 C0、C1 为 0.45 和 0.50 水灰比的对照组,C2~C5 研究在 0.45 水灰比下超声作用功率(180 W、210 W、240 W、270 W)对水泥净浆流变参数的影响。同时将各组水泥浆体分别静置 60 min 和 120 min 后,研究不同超声功率下水泥浆体流变性能随时间的变化规律。具体试验配比如表 6-3 所列。

表 6-3　超声功率对水泥净浆流变参数影响的试验配比

编号	水灰比	水泥/g	减水剂/g	超声功率/W	作用时间/min	水/g
C0	0.45	450	0	0	0	202.5
C1	0.50	450	0	0	0	225.0
C2	0.45	450	0	180	2	202.5
C3	0.45	450	0	210	2	202.5
C4	0.45	450	0	240	2	202.5
C5	0.45	450	0	270	2	202.5

6.2.4 超声时间对水泥净浆流变参数的影响

本试验针对超声时间对水泥净浆流变参数的影响。试验编号 C6、C4、C7、C8、C9,每组水泥用量 450 g,固定超声功率为 240 W,改变超声作用时间(1 min、2 min、3 min、4 min、5 min),研究在 0.45 水灰比下超声作用时间对水泥净浆流变性能的影响,以不超声的试件 C0、C1 为 0.45 和 0.50 水灰比的对照组。同时将各组水泥浆体分别静置 60 min 和 120 min 后,研究不同超声时间下流变性能随时间的变化规律。具体试验配比如表 6-4 所列。

表 6-4 超声时间对水泥净浆流变参数影响的试验配比

编号	水灰比	水泥/g	减水剂/g	超声功率/W	超声时间/min	水/g
C6	0.45	450	0	240	1	202.5
C4	0.45	450	0	240	2	202.5
C7	0.45	450	0	240	3	202.5
C8	0.45	450	0	240	4	202.5
C9	0.45	450	0	240	5	202.5

6.2.5 流变模型的确定

不同的流变模型拟合得到的屈服应力和塑性黏度的差异较大,为得到准确的屈服应力和塑性黏度,必须选择合适的流变模型,从而准确反映出超声作用对水泥净浆流变性能的影响。

从水泥基材料的流变性能研究现状可知,常用的流变模型主要有 Newton 模型、Bingham 模型、M-B 模型、H-M 模型以及 Casson 模型。而 Newton 模型只适用于浓度低的悬浮液,M-B 模型适用于剪切变稠的悬浮液,而本书所用水泥净浆浓度较高且为剪切变稀的流体,因此 Newton 模型和 M-B 模型并不适用,故本节主要以 Bingham、H-M、Casson 三种流变模型对流变曲线进行拟合,确定适用于超声作用下水泥浆体的流变模型。

6.2.6　超声作用对静置水泥净浆流变性能的影响

（1）试验目的

实际工程中搅拌站混合好的水泥浆体并不能立刻进行浇注,往往需要运输至指定地点,经历一段时间方能进行,这段时间对浆体流变性能产生的影响不容忽视,因此需考虑时间效应对浆体流变性能的影响。

（2）试验方案

超声功率对水泥净浆流变性能影响的试验配比、超声时间对水泥净浆流变性能影响的试验配比、超声作用下减水剂加入顺序对浆体流变性能影响的试验配比同前面试验方案。同时将各组水泥浆体分别静置 60 min 和 120 min 后,研究超声作用下流变性能随时间的变化规律。

6.2.7　超声作用下减水剂对浆体流变性能的影响

减水剂是现代水泥基材料中不可或缺的组成成分,通过吸附-分散作用可以有效改善水泥基材料的工作性能,减少水泥基材料使用过程中的用水量,增加水泥基材料的流动性。聚羧酸减水剂加入水泥基材料中后,减水剂基团定向吸附于水泥颗粒表面,使水泥颗粒带同种电荷而相互排斥,导致水泥颗粒间形成的絮凝结构解体,从而达到分散浆体中水泥颗粒的目的。

在本试验中,针对超声作用下减水剂对水泥净浆流变性能的影响,每组水泥用量 450 g,水灰比为 0.45,超声功率为 240 W,超声作用时间为 1 min、2 min、3 min,通过改变超声作用时间和减水剂添加顺序进行试验。具体试验配比如表 6-5 所示。

表 6-5　超声作用下减水剂对浆体流变性能影响的试验配比

编号	水灰比	水泥/g	减水剂/g	超声功率/W	超声时间/min	水/g
C11	0.45	450	0.3(先加)	0	0	202.5
C12	0.45	450	0.3(先加)	240	1	202.5
C13	0.45	450	0.3(先加)	240	2	202.5
C14	0.45	450	0.3(先加)	240	3	202.5
C15	0.45	450	0.3(后加)	240	3	202.5

6.3　试验结果与分析

6.3.1　超声作用对水泥净浆流动度和泌水率的影响

（1）超声功率对水泥净浆流动度和泌水率的影响

水灰比为 0.50,超声时间为 2 min,不同超声功率下浆体的流动度和泌水率的变化趋势如图 6-3 所示。

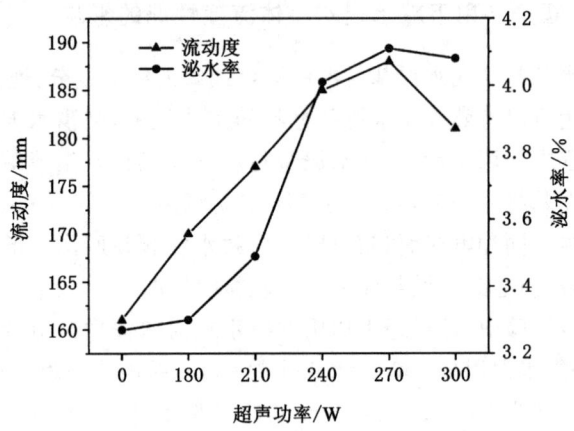

图 6-3　不同超声功率下浆体的流动度与泌水率

从图 6-3 中流动度的变化可以看出，随着超声作用功率的增加，水泥浆体的流动度先上升后下降。在超声作用功率为 240 W 时，水泥浆体流动度达到最高（185 mm），较参考组 B1 浆体的流动度（161 mm）增加了 24 mm，增加约 14.9％。在超声功率为 300 W 时 B6 浆体的流动度略有下降，为 181 mm，但仍高于参考组 B1 浆体。

从图 6-3 中泌水率的变化可以看出，未超声的参考组 B1 浆体泌水率为 3.27％，超声功率分别为 180 W、210 W、240 W、270 W、300 W 的浆体泌水率分别为 3.30％、3.49％、4.01％、4.11％、4.08％。可见，在恒定 2 min 的超声时间下，随着超声功率的增加，泌水率先增加后下降，与流动度变化相同。

综上所述，超声时间为 2 min 时，超声功率的增加能够提升浆体的流动性能，同时也增加了浆体泌水的风险。原因可能是由于超声波作用于水泥浆体时，超声"空化"作用产生的高速冲击波和微射流打破了絮凝水泥颗粒的团聚，导致浆体中自由水含量的增多，浆体流动度因此增大。

（2）超声时间对水泥净浆流动度和泌水率的影响

水灰比为 0.50，超声功率为 240 W，不同超声时间下水泥净浆的流动度和泌水率变化如图 6-4 所示。

从图 6-4 中可以看出，未超声的 B1 组浆体流动度为 161 mm。在 240 W 超声功率下，超声时间为 1 min 的 B7 浆体流动度为 157 mm，比 B1 下降 4 mm；超声时间为 2 min 的 B4 浆体流动度为 185 mm，比 B1 上升 24 mm；超声时间为 3 min 的 B8 浆体流动度为 179 mm，比 B1 上升 18 mm；超声时间为 4 min 的 B9 浆体流动度为 165 mm，比 B1 上升 4 mm；超声时间为 5 min 的 B10 浆体流动度为 154 mm，比 B1 下降 7 mm。可见，随着超声作用时间的增加，水泥浆体的流动度先减小后增加，存在峰值 185 mm，比参考组 B1（161 mm）提升了 16.8％。当超声作用时间超过 2 min

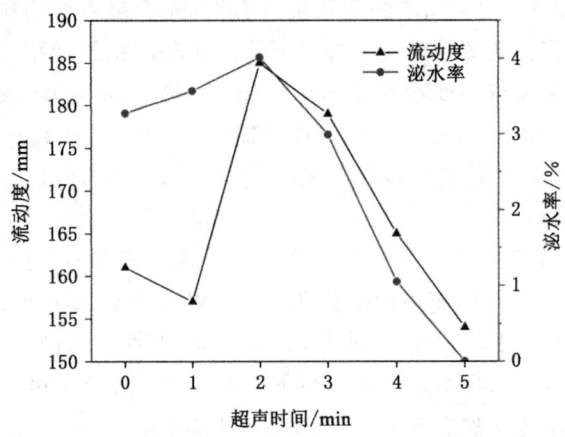

图 6-4　不同超声时间下水泥净浆的流动度与泌水率

后,浆体的流动度呈现几乎直线的下降趋势。

从图 6-4 所示泌水率变化可以明显看出,未超声的 B1 浆体泌水率为 3.27%,在超声功率为 240 W 时,超声时间分别为1 min、2 min、3 min、4 min、5 min 的浆体泌水率依次为 3.57%、4.01%、2.99%、1.05%、0。可见,随着超声时间的增加,浆体的泌水率也是先增加后减小,在超声时间达到 5 min 时,浆体不再泌水。

综上所述,在超声功率为 240 W 时,超声时间对浆体流动度和泌水率的影响较大,合适的超声时间可以明显改善浆体的流动性能,但也增加了浆体泌水的风险。继续增加超声时间,浆体流动度下降,泌水率也随之下降。

原因分析:这可能是因为在一定超声功率下,当超声时间增加时,超声的"空化"效应阈值随之降低,产生空化泡核的时间越短,空化泡溃灭所需时间越短。随着超声时间的增加,"空化"效应持续时间增加,空化泡核崩溃产生的冲击波既分散了絮凝的水泥颗粒又使得浆体颗粒运动增强,碰撞产生絮凝聚团的概率上升,导致浆体流动度先上升后下降。同时随着超声时间的不断增加,声波与液体介质之间摩擦产生大量的热量,导致浆体的内聚能增大,温度上升,水泥水化速度加快,从而减小了浆体的泌水率。

6.3.2 超声作用对掺减水剂浆体流动度和泌水率的影响

水灰比为 0.45,减水剂掺量为 0.5 g,超声功率为 240 W,不同超声时间下掺减水剂水泥浆体的流动度和泌水率变化如图 6-5 所示。为了突出超声和减水剂共同作用对浆体流动度和泌水率的影响,图中增加水灰比为 0.45 的未掺加减水剂的 B11 为对照组。

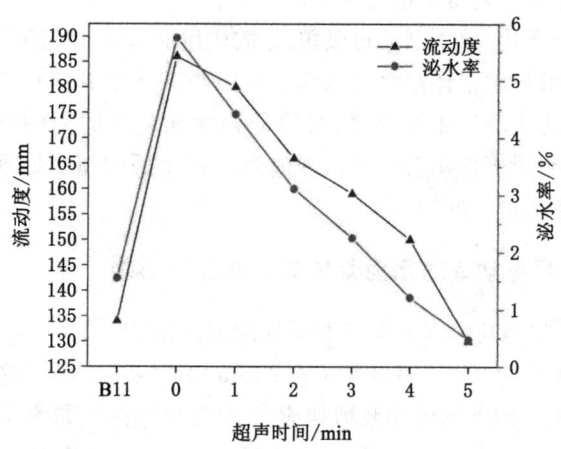

图 6-5   超声和减水剂共同作用下水泥浆体的流动度与泌水率

从图 6-5 所示流动度变化可以看出,与参考组 B11 相比,掺加减水剂的 B12 组浆体流动度大幅提高,由 B11 组的 134 mm 提升至 186 mm。超声时间为 1 min、2 min、3 min、4 min、5 min 的浆体流动度分别为 180 mm、166 mm、159 mm、150 mm、130 mm。可见随着超声时间的增加,掺加减水剂的浆体流动度不断下降,在超声时间为 5 min 时浆体流动度甚至低于未加减水剂的 B11 组,说明此时减水剂在浆体中已完全失效,不能发挥其分散作用。

从图 6-5 所示泌水率的变化可以看出,浆体泌水率的变化与流动度的变化类似,且在减水剂掺加前后,浆体的泌水率由 1.55%陡然上升至 5.75%,减水剂的掺加大幅增加了浆体泌水的风险。随着超声时间的增加,浆体的泌水率逐渐下降。在超声时间为 5 min 时浆体的泌水率为0.47%,比未超声的 B12 组浆体下降幅度高达 91.8%,且低于未加减水剂的 B11 组。随着超声时间的增加,浆体的泌水率几乎呈现直线下降的趋势,可见超声可以改善掺加减水剂带来的泌水风险。

综上所述,减水剂通过吸附-分散作用能够大幅提升浆体的流动,但也增加了浆体泌水的风险。超声与减水剂共同作用于浆体时,浆体的流动度不增反降,且降低幅度随超声时间的增加越来越大,说明超声作用会使减水剂失效。在今后的超声处理水泥浆体中需注意这个问题。

6.3.3　超声功率对水泥浆体流变参数的影响

（1）超声功率对水泥净浆剪切应力的影响

水灰比为 0.45,超声时间为 2 min,不同超声功率和静置时间 (0 h、1 h、2 h)下水泥净浆剪切应力-剪切速率曲线如图 6-6 所示。图中,C0 为 0.45 水灰比参考组;C2、C3、C4、C5 为超声组,分别使用 180 W、210 W、240 W、270 W 超声处理水泥净浆;为清楚表明超声分散效果的不同,额外增加 0.50 水灰比对照组 C1。

由图 6-6(a)新拌水泥净浆的流变曲线可以看出,各组剪切应力随着剪切速率的增大而增大,均呈现剪切变稀的情况。且随着超声功率的增加,水泥浆体的剪切变稀特征愈加明显。但在超声

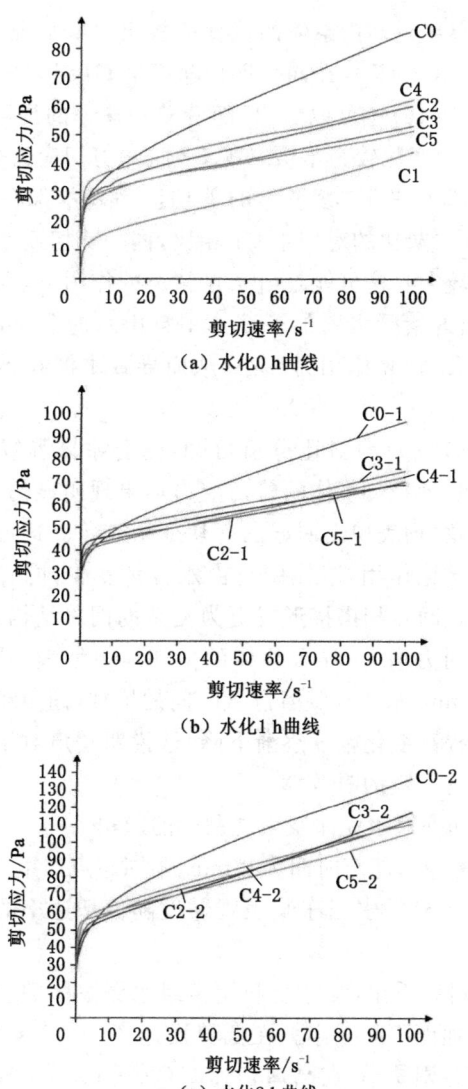

（a）水化0 h曲线

（b）水化1 h曲线

（c）水化2 h曲线

图 6-6 不同超声功率和静置时间下剪切应力随剪切速率变化曲线

功率为 240 W(C4 组)时,浆体的流变曲线出现反常现象,相比于其他超声组(C2、C3、C5),在同一剪切速率下 C4 组对应的剪切应力最大。由图 6-6(a)还可以看出,随着剪切速率的提高,C3、C4、C5 组的剪切应力变化较为平缓,C1、C2 组的剪切应力变化较快;在同一剪切速率水平下,参考组的剪切应力基本都在超声组之上。但与 0.50 水灰比的对照组 C1 相比,同一剪切速率下超声组的剪切应力均较大。这可能是由于在超声的作用下,水泥颗粒絮团打开,释放出的絮凝水增加了浆体中自由水的含量,使得水泥颗粒间距离变大,相互作用力变小,从而导致水泥浆体的剪切应力变小。

由图 6-6(a)(b)(c)对比分析可知,随着浆体静置时间的延长,在同一剪切速率下,浆体的剪切应力均出现明显的上升,且变化规律基本一致,均表现出明显的剪切变稀现象。这可能是由于水泥颗粒发生水化作用,浆体中自由水含量变少,同时水化产物增多使得颗粒之间互相搭接形成更为复杂的网络结构,浆体中颗粒之间相互作用力增大,导致浆体的剪切应力增大。同时,相比于新拌浆体(0 min 水化),随着静置时间的增加,超声组剪切应力随剪切速率的提高变化幅度逐渐下降,这说明超声对于水泥颗粒的分散作用具有一定的时效性。

(2) 超声功率对水泥净浆表观黏度的影响

水灰比为 0.45,超声时间为 2 min,不同超声作用功率和静置时间(0 h、1 h、2 h)下水泥净浆表观黏度随剪切速率的变化曲线如图 6-7 所示。

从图 6-7 可以看出,参考组和超声组水泥浆体的表观黏度随剪切速率的增加而不断减小。在低剪切速率($0 \sim 5$ s^{-1})时,各组浆体表观黏度急剧减小;在高剪切速率($70 \sim 100$ s^{-1})时,各组浆体表观黏度随剪切速率变化趋于平缓。在高剪切速率下,参考组浆体表观黏度均略高于超声组浆体。这可能是由于随着超声功

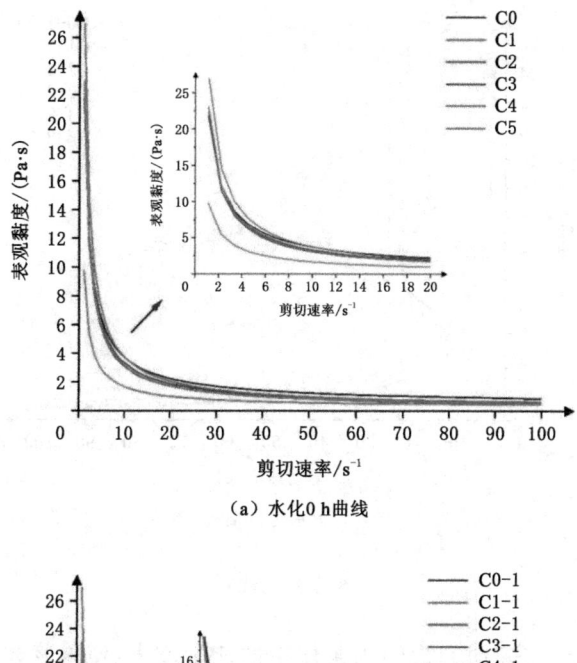

（a）水化0 h曲线

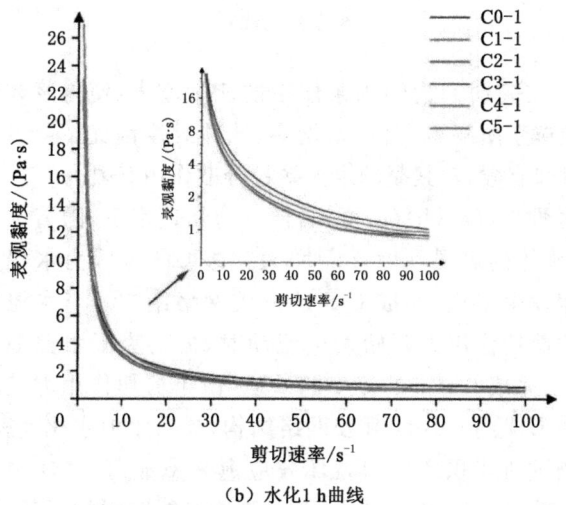

（b）水化1 h曲线

图 6-7 不同超声功率和静置时间下表观黏度随剪切速率变化曲线图

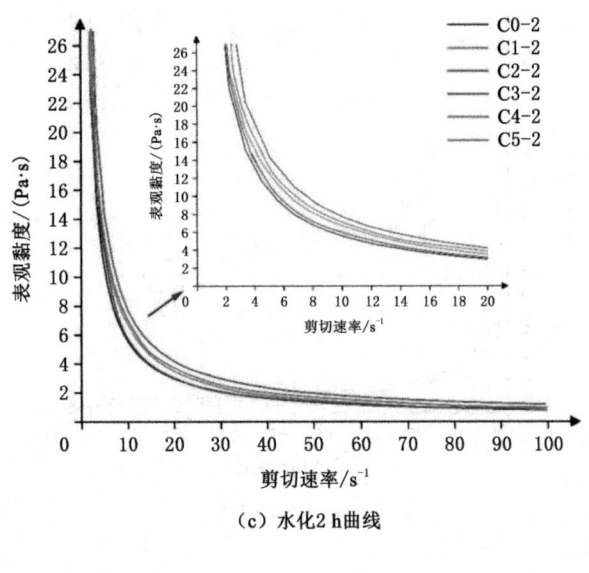

（c）水化2 h曲线

图 6-7 （续）

率的增大，一定时间内输入浆体中的能量增大，使得浆体中团聚
的水泥颗粒絮团解聚，自由水增多，浆体黏度因此下降。同时由
于超声时间有限，对絮凝的水泥颗粒分散作用有限。

　　对比图 6-7（a）（b）（c）可知，同一剪切速率下，随着水化时间
的增加，浆体的表观黏度逐渐增大。这可能是因为水泥与水混
合后迅速发生水化，形成 C-S-H 凝胶网络结构。当水泥净浆受
到转子的剪切作用力开始发生流动时，需要克服水泥颗粒间的
内聚力，当完成 0 min 的流变测试后，由于剪切作用力破坏了水
泥颗粒间形成的 C-S-H 凝胶网络结构，导致水泥水化速率放缓。
前几次测试所累积产生的破坏效应愈来愈显著，浆体中分散开
的水泥颗粒逐渐变多。因此，随着浆体静置时间的不断延长，水
泥颗粒的水化作用导致作为分散介质的水被消耗，浆体中水泥

的固体颗粒体积分数增大导致浆体的表观黏度逐渐变大,且增长速率缓慢。

6.3.4 超声时间对水泥浆体流变参数的影响

(1) 超声时间对水泥净浆剪切应力的影响

水灰比为 0.45,超声功率为 240 W,不同超声作用时间和静置时间(0 h、1 h、2 h)下水泥净浆的剪切应力-剪切速率曲线如图 6-8 所示。C0 代表 0.45 水灰比下参考组,C6、C4、C7、C8、C9 为超声组,分别代表 1 min、2 min、3 min、4 min、5 min 超声时间下水泥净浆组。为清楚表明超声分散效果的不同,加入了 0.50 水灰比的 C1 的数据。

从图 6-8(a)所示新拌浆体流变曲线可以看出,各组剪切应力随着剪切速率的增大而增大,均呈现剪切变稀的情况。在低剪切速率(0~5 s^{-1})下,参考组 C0 的剪切速率-剪切应力变化幅度较超声组低;在高剪切速率下,参考组 C0 的剪切速率-剪切应力变化幅度较超声组高,且 C0 组的剪切应力远高于超声组。原因分析:这可能是因为在低剪切速率下,浆体状态与未剪切时状态类似,超声作用减少了浆体中的絮凝结构,增加了自由水含量,导致浆体中颗粒更加分散,水泥水化速率加快,浆体中网状结构增强,因此剪切速率-剪切应力变化幅度较大。在高剪切速率下时,经超声处理的浆体内部絮凝结构基本消失,剪切速率-剪切应力上升缓慢,但在未处理的浆体中仍存在一定数量的絮凝结构,因此未超声处理浆体剪切速率-剪切应力变化更快。

从图 6-8(a)流变曲线还可以看出,在同一剪切速率下,随着超声时间的增加,剪切应力变化呈现先下降后上升的趋势,超声时间为 3 min 时浆体对应的剪切应力最低。超声时间大于 3 min 后,浆体对应的剪切应力增大,同时可以看到超声时间为 4 min 的 C8 和超声时间为 5 min 的 C9 浆体的剪切速率-剪切应力曲线几

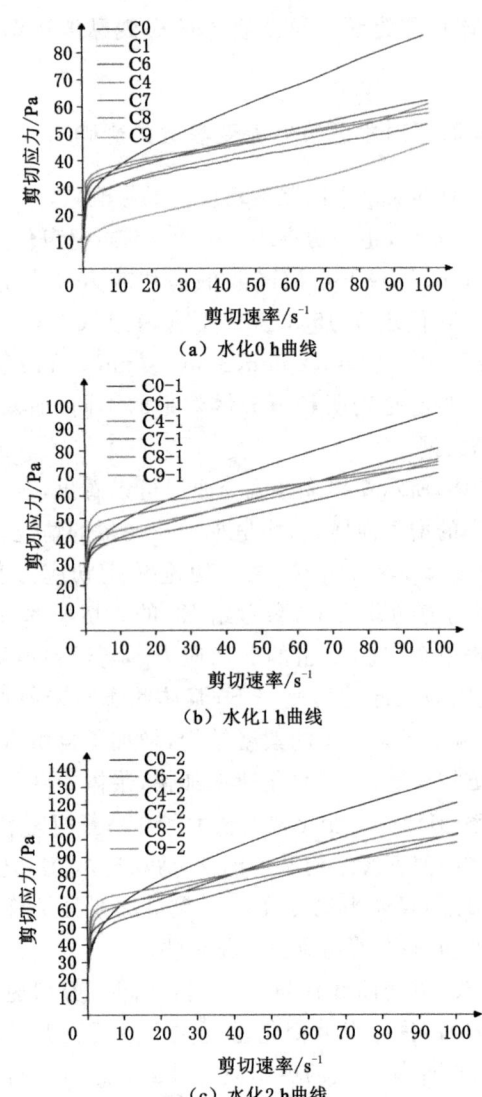

图 6-8　不同超声时间和静置时间下剪切应力随剪切速率变化曲线

乎重合。这说明存在一个使水泥颗粒分散的最佳超声时间。

由图 6-8(a)(b)(c)对比分析可知,超声时间和静置时间的增加并未改变浆体剪切变稀的特性,且随着静置时间的延长,超声组的剪切速率-剪切应力曲线逐渐与参考组曲线靠近,主要表现为高剪切速率下,不同浆体组之间剪切应力的差距逐渐缩小。这说明超声时间对浆体颗粒分散的影响有一定的时间限制。

(2) 超声时间对水泥净浆表观黏度的影响

水灰比为 0.45,超声功率为 240 W,不同超声作用时间和静置时间(0 h、1 h、2 h)下水泥净浆表观黏度随剪切速率的变化曲线如图 6-9 所示。

从图 6-9 可以看出,参考组和超声组水泥浆体的表观黏度随剪切速率的增加而减小。在低剪切速率($0\sim5\ s^{-1}$)时,各组浆体表观黏度急剧下降,且随着超声时间的增加,表观黏度先减小后增加,在超声 3 min 时达到最低;在高剪切速率($70\sim100\ s^{-1}$)时,各组浆体表观黏度随剪切速率变化趋于平缓,且参考组浆体的表观黏度均在超声组之上。原因分析:这可能是随着超声时间的增大,超声发生"空化"作用,空化泡在溃灭时产生的冲击波打散了团聚的水泥颗粒,絮凝水的释放导致自由水含量增多,浆体黏度因此下降。同时由于超声时间的延长,"空化"作用导致水泥颗粒发生碰撞的可能性大幅度上升,颗粒间相互碰撞导致絮凝颗粒逐渐增多,自由水含量逐渐减少,浆体黏度上升。

对比图 6-9(a)(b)(c)可知,随着浆体静置时间的延长,超声组浆体表观黏度与参考组差距逐渐减小,且超声作用时间对表观黏度的影响越来越小。在 2 h 静置时间下,在低剪切速率段参考组浆体的表观黏度曲线与超声组浆体表观黏度曲线几近重合;在高剪切速率段,参考组浆体表观黏度略高于超声组浆体,且随着超声作用时间的增加各超声组浆体表观黏度曲线亦接近一致。这可能是因为超声波作用于浆体时,超声空化作用产生的冲击波

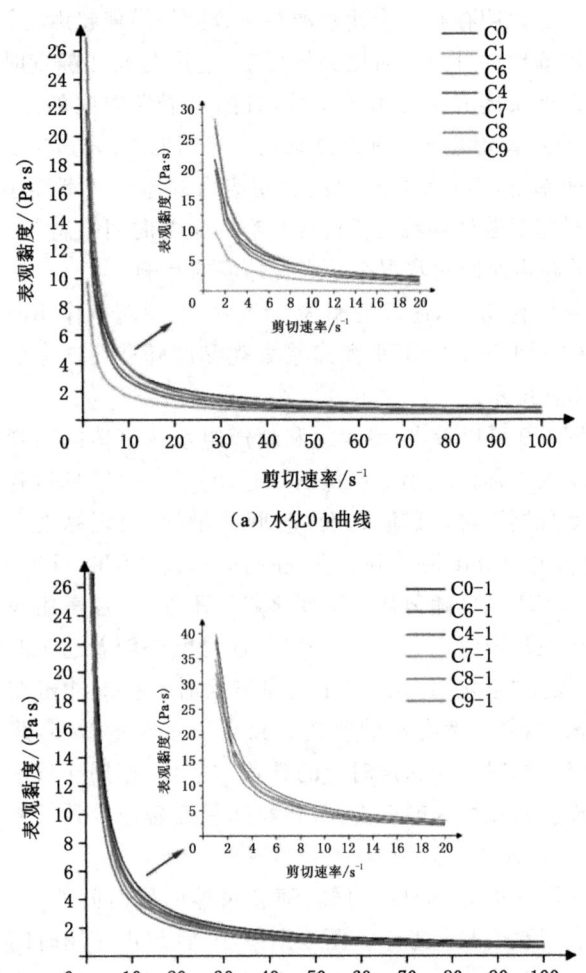

（a）水化 0 h 曲线

（b）水化 1 h 曲线

图 6-9　不同超声时间和静置时间下表观黏度随剪切速率变化曲线图

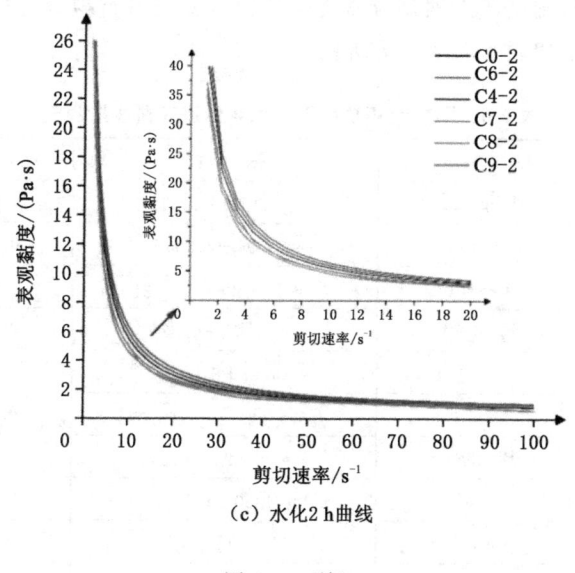

（c）水化2 h曲线

图 6-9 （续）

和微射流破坏了絮凝的水泥颗粒,使得浆体中颗粒更加分散,水泥颗粒与水的接触面积更多,且自由水的释放增加了颗粒间的距离,水泥水化速度因此加快,浆体中网络结构增强,表观黏度上升较快,因此在静置 2 h 后超声组浆体和参考组浆体表观黏度差距减小。

6.3.5 流变模型的确定

不同的流变模型拟合得到的屈服应力和塑性黏度的差异较大,为得到准确的屈服应力和塑性黏度,必须选择合适的流变模型,从而准确反映出超声作用对水泥净浆流变性能的影响。

由前面的研究可知,超声作用下水泥浆体的流变曲线经时变化趋势不变,故针对流变模型的确定,采用 Bingham、Casson、

H-M三种流变模型对新拌水泥浆体流变曲线进行拟合分析,具体拟合结果如表6-6、表6-7所列。

表6-6　不同超声功率下水泥浆体流变曲线拟合表

编号	模型	拟合方程	相关度 R^2
C0	Bingham	$\tau=32.80+0.56\dot{\gamma}$	0.992
	H-M	$\tau=23.94+2.58\dot{\gamma}^{0.68}$	0.999
	Casson	$\sqrt{\tau}=\sqrt{20.99}+\sqrt{0.21\dot{\gamma}}$	0.999
C2	Bingham	$\tau=30.74+0.32\dot{\gamma}$	0.992
	H-M	$\tau=26.97+0.987\dot{\gamma}^{0.78}$	0.994
	Casson	$\sqrt{\tau}=\sqrt{22.62}+\sqrt{0.09\dot{\gamma}}$	0.992
C3	Bingham	$\tau=29.69+0.24\dot{\gamma}$	0.993
	H-M	$\tau=24.80+1.16\dot{\gamma}^{0.68}$	0.997
	Casson	$\sqrt{\tau}=\sqrt{22.44}+\sqrt{0.06\dot{\gamma}}$	0.996
C4	Bingham	$\tau=29.00+0.30\dot{\gamma}$	0.997
	H-M	$\tau=32.72+0.69\dot{\gamma}^{0.80}$	0.992
	Casson	$\sqrt{\tau}=\sqrt{28.18}+\sqrt{0.06\dot{\gamma}}$	0.987
C5	Bingham	$\tau=34.48+0.26\dot{\gamma}$	0.994
	H-M	$\tau=26.82+0.76\dot{\gamma}^{0.75}$	0.995
	Casson	$\sqrt{\tau}=\sqrt{23.70}+\sqrt{0.05\dot{\gamma}}$	0.992

　　由表6-6和表6-7可以看出,不同超声功率下水泥浆体的流变曲线与Bingham模型拟合度在0.99以上,与H-M模型拟合度在0.99以上,与Casson模型的拟合度在0.98以上。不同超声时间下水泥浆体的流变曲线与Bingham模型拟合度在0.99以上,与H-M模型拟合度在0.99以上,与Casson模型的拟合度在0.98以上。综合分析不同超声功率和超声时间下水泥浆体的拟合模型,考虑到浆体与Bingham模型和H-M模型的拟合度均在

0.99 以上,而 Bingham 模型有两个参数,H-M 模型有三个参数, H-M 模型更为复杂,因此优选 Bingham 模型。后面关于超声作用下水泥浆体流变性能的分析主要根据 Bingham 模型拟合得到的屈服应力和塑性黏度进行分析。

表 6-7 不同超声时间下水泥浆体流变曲线拟合表

编号	模型	拟合方程	相关度 R^2
C6	Bingham	$\tau = 30.07 + 0.45\dot{\gamma}$	0.995
	H-M	$\tau = 29.10 + 0.25\dot{\gamma}^{1.11}$	0.997
	Casson	$\sqrt{\tau} = \sqrt{16.42} + \sqrt{0.19\dot{\gamma}}$	0.950
C4	Bingham	$\tau = 29.00 + 0.30\dot{\gamma}$	0.997
	H-M	$\tau = 32.72 + 0.69\dot{\gamma}^{0.81}$	0.992
	Casson	$\sqrt{\tau} = \sqrt{28.18} + \sqrt{0.06\dot{\gamma}}$	0.987
C7	Bingham	$\tau = 28.60 + 0.24\dot{\gamma}$	0.994
	H-M	$\tau = 26.48 + 0.57\dot{\gamma}^{0.88}$	0.993
	Casson	$\sqrt{\tau} = \sqrt{20.94} + \sqrt{0.09\dot{\gamma}}$	0.986
C8	Bingham	$\tau = 34.81 + 0.23\dot{\gamma}$	0.992
	H-M	$\tau = 33.23 + 0.79\dot{\gamma}^{0.74}$	0.995
	Casson	$\sqrt{\tau} = \sqrt{30.06} + \sqrt{0.04\dot{\gamma}}$	0.992
C9	Bingham	$\tau = 36.23 + 0.21\dot{\gamma}$	0.996
	H-M	$\tau = 32.37 + 0.63\dot{\gamma}^{0.80}$	0.994
	Casson	$\sqrt{\tau} = \sqrt{28.25} + \sqrt{0.05\dot{\gamma}}$	0.989

6.3.6 超声作用对静置水泥净浆流变性能的影响

本节采用 Bingham 流变模型对超声作用下水泥净浆的流变曲线进行拟合,获得拟合后的屈服应力和塑性黏度。

(1)不同超声功率下水泥浆体流变性能变化

① 屈服应力变化

水灰比为 0.45,超声时间为 2 min,不同超声功率下水泥浆体的屈服应力随时间变化如表 6-8 和图 6-10 所示。从图 6-10 中可以看出,随着超声功率的增加,水泥浆体的屈服应力先减小后增加,但变化幅度较小。这说明超声功率对浆体屈服应力的影响较小。

表 6-8　不同超声功率下水泥浆体的屈服应力　　单位:Pa

静置时间/h	C0	C2	C3	C4	C5
0	32.80	30.74	29.69	29.00	34.48
1	38.44	41.50	45.34	40.34	44.36
2	51.33	54.34	57.26	53.44	55.23

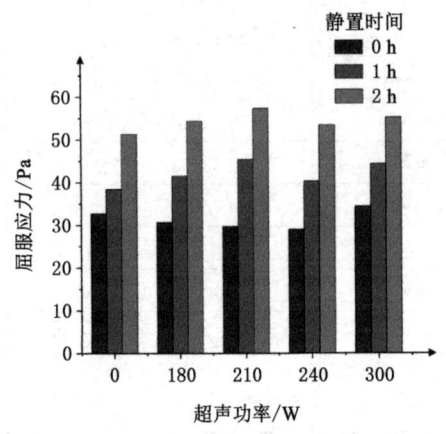

图 6-10　不同超声功率下水泥浆体屈服应力经时变化

分析表 6-8 可知,未超声处理的新拌水泥浆体的屈服应力为 32.80 Pa,经不同功率超声处理的新拌水泥浆体屈服应力分别为

30.74 Pa、29.69 Pa、29.00 Pa、34.48 Pa,比未超声处理的水泥浆体屈服应力略小,同时随着超声功率的增加,浆体的屈服应力先减小后增大。这是因为屈服应力是打破水泥颗粒形成的凝聚结构网络所需的最小的作用力,当超声功率增加时,超声的"空化"效应阈值降低,产生空化泡核的时间变短,空化泡溃灭所需时间就变短。在一定超声时间下,随着超声功率的增加,"空化"效应产生的冲击波既分散了絮凝的水泥颗粒又使得颗粒之间的运动增强,碰撞絮凝的概率上升。当超声功率小于240 W时,超声所产生的分散作用大于形成絮凝颗粒的作用,导致浆体中絮凝的水泥颗粒分散,自由水增多,颗粒间距离加大,浆体结构网络减弱。当超声功率大于240 W时,超声所产生的分散作用小于形成絮凝颗粒的作用,导致絮凝的网络增强。因此,浆体屈服应力先减小后增加。

　　分析表6-8还可以知道,随着浆体静置时间的延长,水泥水化时间增加,浆体的屈服应力均随之增加,但在不同超声功率下屈服应力随时间增长的速率不同。浆体在静置1 h后,未超声的C0屈服应力达到38.44 Pa,超声功率为240 W的C4屈服应力为40.34 Pa;浆体在静置2 h后,未超声的C0屈服应力达到51.33 Pa,超声功率为240 W的C4屈服应力为53.44 Pa。由此可以看出,在超声作用下水泥浆体的屈服应力增长速率较快,这可以从超声作用对浆体中颗粒分散的影响来解释。在超声作用下,浆体中絮凝的水泥颗粒在"空化"效应产生的冲击波中分散,水泥颗粒分散得更为均匀,水泥颗粒与水接触的面积增多,水泥水化反应加快,颗粒之间形成的网络结构逐渐增强,从而导致浆体的屈服应力随时间的增长速率加快。

　　② 塑性黏度变化

　　水灰比为0.45,超声时间为2 min,不同超声功率下水泥净浆的塑性黏度随时间变化如表6-9和图6-11所示。从图6-11中可以观察到,未超声的 C0 组浆体塑性黏度均大于经超声处理的浆体,且随着超声功率的增加,浆体的塑性黏度先减小后增大,在其他静置时间呈现类似的规律,但超声功率为 240 W 的 C4 组塑性黏度较为反常。

表 6-9　不同超声功率下水泥浆体的塑性黏度　单位:Pa·s

静置时间/h	C0	C2	C3	C4	C5
0	0.56	0.32	0.24	0.30	0.26
1	0.62	0.37	0.37	0.41	0.40
2	0.76	0.58	0.54	0.55	0.51

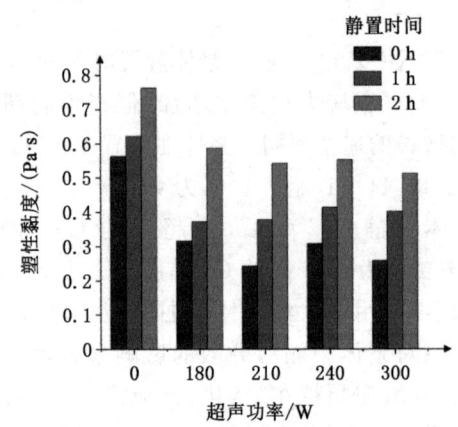

图 6-11　不同超声功率下水泥浆体塑性黏度经时变化

塑性黏度是浆体内部阻碍颗粒流动的阻力,主要由胶体颗粒之间的相互作用力、布朗运动力和颗粒间黏滞力形成,与液相中固体颗粒的体积和堆积密度的比值(即固体体积分数)、颗粒形貌和颗粒粒径的分布有关。当超声波作用于水泥浆体时,超声发生"空化"作用形成空化泡核,空化泡核在溃灭时产生的冲击波分散了团聚的水泥颗粒,使得水泥颗粒的固相体积分数减小,同时絮凝水的释放导致自由水含量增多,水泥颗粒之间的相互作用力减少,因此浆体的塑性黏度减小。随着超声功率的不断增大,超声产生"空化"效应的时间变短,空化效应产生的冲击波既分散了水泥颗粒又加快了颗粒的运动,水泥颗粒絮凝的可能性增加,当超过某个时间时,超声产生的分散作用小于絮凝作用,浆体中固相体积分数增加且自由水含量减少,导致浆体的塑性黏度增大。

观察表 6-9 可知,未超声的新拌浆体 C0 的塑性黏度为 0.56 Pa·s,在超声功率 180 W、210 W、240 W、270 W 下的新拌浆体 C2、C3、C4、C5 的塑性黏度依次为 0.32 Pa·s、0.24 Pa·s、0.30 Pa·s、0.26 Pa·s。浆体在静置 2 h 后,C0 的塑性黏度为 0.76 Pa·s,相比于新拌浆体的 C0 提升了 35.7%;不同超声功率下的 C2、C3、C4、C5 的塑性黏度依次为 0.58 Pa·s、0.54 Pa·s、0.55 Pa·s、0.51 Pa·s,相比于新拌浆体时分别提升了 81.3%、125%、83.3%、96.2%。这说明超声后浆体的塑性黏度上升更快,浆体的流动度损失更快。

(2) 不同超声时间下水泥浆体流变性能变化

① 屈服应力变化

水灰比为 0.45,超声功率为 240 W,不同超声时间下水泥净浆的屈服应力随时间变化如表 6-10 和图 6-12 所示。从图 6-12 可以看出,随着超声时间的增加,浆体的屈服应力先减小后增加,且随着静置时间的增加,各组水泥浆体屈服应力均有不同程度的增大。

表 6-10　不同超声时间下水泥浆体的屈服应力　　　单位：Pa

静置时间/h	C0	C6	C4	C7	C8	C9
0	32.80	30.07	29.00	28.60	34.81	36.23
1	38.44	37.24	40.34	36.74	49.74	53.66
2	51.33	50.94	53.44	49.76	60.48	64.32

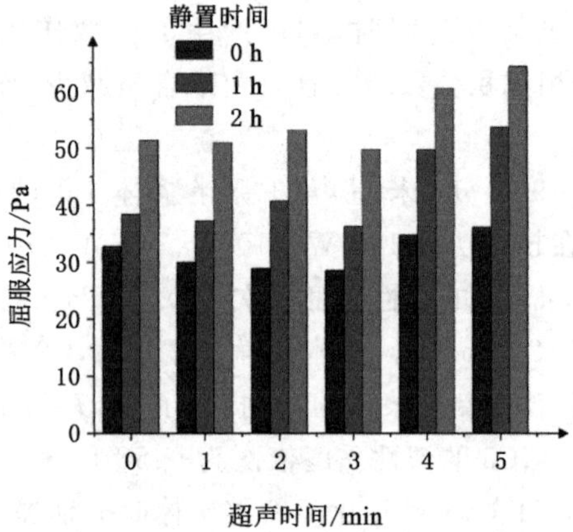

图 6-12　不同超声时间下水泥浆体屈服应力经时变化

从表 6-10 可以看出，在 0 h 静置时间下，未超声处理的水泥浆体 C0 组屈服应力为 32.80 Pa，经超声处理的 C6、C4、C7 组浆体屈服应力分别为 30.07 Pa、29.00 Pa、28.60 Pa，比未超声组 C0 降低 8.3%、11.6%、12.8%。而在超声时间达到 4 min 时，浆体的屈服应力突然上升，达到 34.81 Pa。这是因为在一定超声功率下，当超声时间增加时，超声的"空化"效应阈值随之降低，产生空化泡核的时间变短，空化泡溃灭所需时间就变短。随着超声时间的增加，"空化"效应持续时间增加，空化泡核崩溃产生的冲击波既分散了絮凝的水泥颗粒又使得浆体颗粒运动增强,碰撞产生絮凝胶团的聚集上升。当超声时间大于 3 min 时,超声所产生的分散作用小于形成絮凝胶团的作用,导致絮凝的网络增强。

此外,从表 6-10 还可以看出,随着浆体静置时间的增加,浆体的屈服应力得到不同程度的增加。浆体静置时间为 1 h 时,未超声处理的 C0 浆体屈服应力为 38.44 Pa,相比新拌的 C0 浆体提升 18.3%;超声时间为 3 min 的 C7 浆体屈服应力为 36.74 Pa,相比于新拌的 C7 浆体屈服应力提升 28.9%,提升幅度大于未超声组浆体。这可能是由于在超声作用下,浆体中絮凝的水泥颗粒在"空化"效应产生的冲击波中分散,水泥颗粒分散得更为均匀,水泥颗粒与水接触的面积增多,水化反应加快,颗粒之间形成的网络结构增强,从而导致浆体的屈服应力随时间的增长速率加快。

② 塑性黏度变化

水灰比为 0.45,超声功率为 240 W,不同超声时间下水泥净浆的塑性黏度随时间变化如表 6-11 和图 6-13 所示。从图 6-13 可以看出,随着超声时间的增加,浆体的塑性黏度越来越小,降低程度趋于平缓,且随着浆体静置时间的延长,浆体塑性黏度逐渐增大。

表 6-11　不同超声时间下水泥浆体的塑性黏度　单位:Pa·s

静置时间/h	C0	C6	C4	C7	C8	C9
0	0.56	0.45	0.30	0.24	0.23	0.21
1	0.62	0.50	0.41	0.38	0.30	0.26
2	0.76	0.63	0.55	0.54	0.46	0.46

从表 6-11 可以看出,未超声的新拌浆体 C0 的塑性黏度为 0.56 Pa·s,在超声时间为 1 min、2 min、3 min、4 min、5 min 下的新拌浆体 C6、C4、C7、C8、C9 的塑性黏度依次为 0.45 Pa·s、

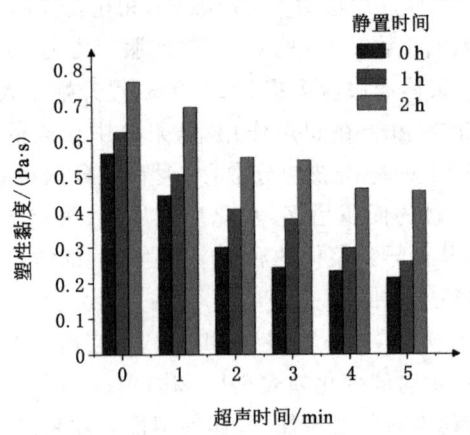

0. 30 Pa・s、0. 24 Pa・s、0. 23 Pa・s、0. 21 Pa・s,相比 C0 分别下降了 19. 6%、46. 4%、57. 1%、58. 9%、60. 7%。在静置 2 h 后,C0 浆体的塑性黏度为 0. 76 Pa・s,此时 C6、C4、C7、C8、C9 的塑性黏度依次为 0. 63 Pa・s、0. 55 Pa・s、0. 54 Pa・s、0. 46 Pa・s、0. 46 Pa・s,相较于 C0 分别下降了 17. 1%、27. 6%、28. 9%、39. 5%、39. 5%。

图 6-13　不同超声时间下浆体塑性黏度经时变化

　　以上说明了当超声功率一定时,随着超声作用时间的增加,水泥浆体的塑性黏度随之下降,且随着浆体静置时间的增加,下降幅度逐渐减小。这说明超声作用可以降低浆体的塑性黏度,且塑性黏度的降低是有时间限制的。原因可能在于当超声波作用于浆体中时,"空化"效应产生的冲击波分散了絮凝的水泥颗粒,使得浆体中的水泥颗粒体积分数下降,同时絮凝水的释放增加了自由水的含量,使得水泥颗粒之间的距离增大,颗粒间作用力减弱,因此浆体的塑性黏度得以下降。

6.3.7 超声作用下减水剂对浆体流变性能的影响

（1）流变曲线测试结果

超声作用下不同超声时间和减水剂添加顺序的水泥净浆流变和黏度曲线如图 6-14 所示。为了突出超声作用时间和减水剂添加顺序对浆体流变性能的影响，图中添加了未加减水剂和未超声处理的 C0 的曲线作为对比。

从图 6-14(a)所示流变曲线变化可以看出，对浆体进行超声处理之后加入减水剂的 C15 浆体流变曲线中存在拐点（A 点），在 A 点之前浆体流变曲线呈现剪切变稀的特征，在 A 点之后浆体流变曲线呈现剪切变稠的特征。其他各组浆体的流变曲线均呈现剪切变稀的特征。观察 C0 和 C11 流变曲线可以看出，减水剂的添加大幅降低了浆体的剪切应力，而剪切应力-剪切速率变化程度近乎相同。从图 6-14(a)还可以看出，随着超声时间的增加，浆体的剪切应力呈现不断上升的趋势。浆体经超声和减水剂共同作用时，在 $0\sim50~\mathrm{s}^{-1}$ 的剪切速率下，浆体的剪切应力均有大幅度的提高，而剪切应力-剪切速率变化程度有所减小。

从图 6-14(b)所示黏度变化曲线可以看出，在剪切速率从 0 到 $100~\mathrm{s}^{-1}$ 的变化过程，随着减水剂的添加和超声作用，C0、C11、C12、C13、C14、C15 浆体的表观黏度变化范围依次为 $0.86\sim21.81~\mathrm{Pa\cdot s}$、$0.58\sim7.05~\mathrm{Pa\cdot s}$、$0.54\sim22.79~\mathrm{Pa\cdot s}$、$0.58\sim23.51~\mathrm{Pa\cdot s}$、$0.59\sim25.88~\mathrm{Pa\cdot s}$、$0.41\sim6.08~\mathrm{Pa\cdot s}$。从以上的表观黏度数据可以看出，减水剂的添加（C0～C11）降低了低剪切速率下的表观黏度，大幅降低了高剪切速率下的表观黏度；对添加了减水剂的浆体施加超声作用（C12、C13、C14）时，随着超声时间的增加，浆体的表观黏度在低剪切速率和高剪切速率下均有所下降；在对浆体进行超声处理后再添加减水剂（C15），与先加减水剂的超声浆体组相比，C15 浆体的表观黏度大幅下降，且低于先

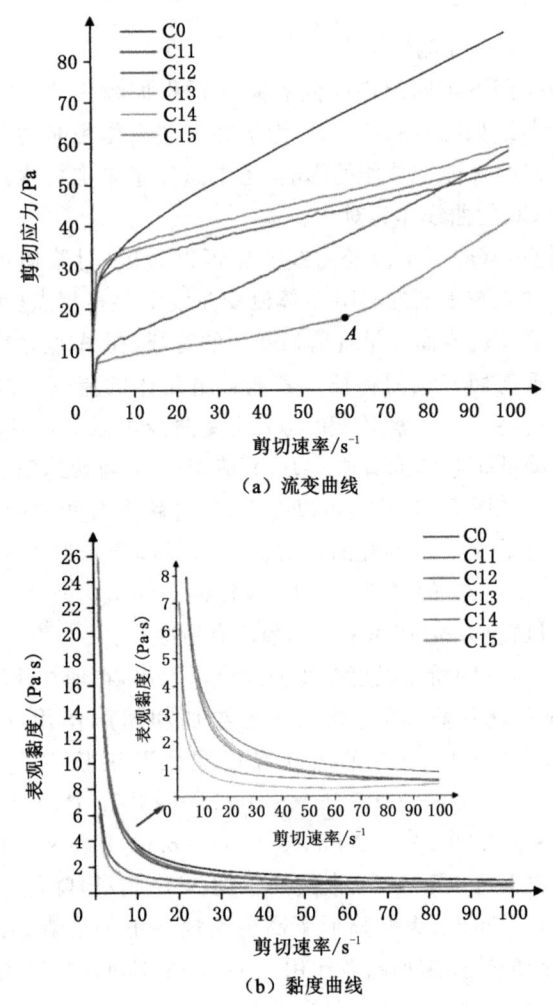

（a）流变曲线

（b）黏度曲线

图 6-14　超声与减水剂共同作用下浆体的流变与黏度曲线

加减水剂的未超声组 C11。同时还可以发现,C11 和 C15 浆体在高剪切速率下时,表观黏度值随剪切速率的增大而有所增加。

综上所述,减水剂的添加可以大幅降低在同一剪切速率下浆体的剪切应力和表观黏度,而超声与减水剂共同作用时,在同一剪切速率下,浆体的剪切应力将会大幅增加,而表观黏度一直下降。这说明超声作用对减水剂的分散作用有所抑制。

(2) 流变曲线拟合分析

从图 6-14 可以看出,在超声和减水剂共同作用下,浆体的流变曲线呈现剪切变稀和剪切变稠两种特征,而前期选定的 Bingham 模型不适用于剪切变稠的浆体,因此为保证分析结果的一致性,此处流变曲线采用 B-M 模型进行拟合,拟合所得塑性黏度和屈服应力值如表 6-12 所列。

表 6-12　超声与减水剂共同作用下浆体的流变参数

编号	C0	C11	C12	C13	C14	C15
τ_0/Pa	33.35	2.82	29.38	31.00	32.89	8.56
$\eta/(\text{Pa} \cdot \text{s})$	0.57	0.54	0.24	0.25	0.26	-0.04

① 屈服应力变化

从表 6-12 屈服应力的数值变化可以看出,未经超声作用和未添加减水剂的 C0 浆体屈服应力为 33.35 Pa,添加减水剂后的 C11 浆体屈服应力为 2.82 Pa,是 C0 的 8.46%。由此说明添加减水剂可以大幅降低浆体的屈服应力。先添加减水剂再经超声作用的浆体 C12、C13、C14 的屈服应力分别为 29.38 Pa、31.00 Pa、32.89 Pa,分别是 C11 的 10.42 倍、10.99 倍、11.66 倍,逐渐接近 C0。可见超声与减水剂共同作用时,减水剂的分散作用逐渐失效,且随着超声时间的增加,浆体的屈服应力一直增大。先超声处理后加入减水剂的 C15 浆体的屈服应力为 8.56 Pa,是 C0 的

25.67％,C11 的3.03倍,C12 的 29.14％,C13 的 27.61％,C14 的 26.03％。由此可见,先超声后加减水剂的方式可以较好地缓解超声作用带来的不利影响。

② 塑性黏度变化

从表 6-12 塑性黏度的数值变化可以看出,未经超声作用和添加减水剂的 C0 浆体塑性黏度为 0.57 Pa·s,添加减水剂后的 C11 浆体塑性黏度为 0.54 Pa·s,是 C0 浆体的 94.74％。由此说明添加减水剂对浆体的塑性黏度影响较小。先添加减水剂再经超声作用的浆体 C12、C13、C14 的塑性黏度分别为 0.24 Pa·s、0.25 Pa·s、0.26 Pa·s,分别是 C11 的 44.44％、46.30％、48.15％,可见超声与减水剂共同作用时,浆体的塑性黏度大幅下降,但与超声作用时间无关。先超声处理后加入减水剂的 C15 浆体的塑性黏度为−0.04 Pa·s,由此可见,先超声后加减水剂的方式大幅降低了浆体的塑性黏度。

综上所述,添加减水剂可有效降低浆体的屈服应力,但对塑性黏度的影响较小。超声使减水剂失效的主要原因是大幅增加了浆体的屈服应力,后加减水剂的方式可以有效缓解超声带来的不利影响。

6.4 机理分析

水泥颗粒与水接触后各矿物相发生溶解使得颗粒表面带有不同的电荷,在静电引力和范德瓦耳斯力的影响下发生团聚而形成絮凝结构,絮凝结构的形成导致浆体中自由水含量减少,浆体流动度下降。聚羧酸减水剂是常见的阴离子表面活性剂,其主链上的羧酸根基团可以吸附于水泥颗粒上,通过静电作用和支链形成的空间位阻作用将絮凝的水泥颗粒分散开,释放出絮凝水,从而使浆体流动度变大。

水泥颗粒与水接触后各矿物相立刻发生部分水化,将在水泥颗粒表面形成一层薄薄的水化产物,由于矿物相 C3A 和 C4AF 水化产物带有正电,浆体中的减水剂将通过羧酸根基团吸附于 C3A 和 C4AF 的水化产物之上,将水泥颗粒分散开,如图 6-15 所示。

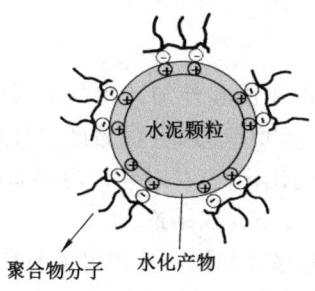

图 6-15 减水剂分散机理

当超声波作用于浆体时,"空化"作用产生的空化泡将会在水泥颗粒表面生成,空化泡溃灭时将会产生高速冲击波和微射流,导致颗粒表面水化产物连同减水剂剥离,分散于浆体中。而分散的水化产物交叉充斥于减水剂分子的支链中,形成类似于"插层"的效果,导致剥离的减水剂空间位阻作用失效。与此同时,水泥颗粒继续发生水化,颗粒表面剩余的减水剂将会逐渐被水化产物所覆盖。当超声时间较短时,"空化"产生的能量有限,水泥颗粒表面的水化产物剥离量较少,颗粒表面剩余的减水剂将继续发挥分散作用。由于部分减水剂脱离水泥颗粒表面且被水化产物包裹,导致其减水效果降低。所以在超声时间为 1 min 时,先加减水剂后超声的水泥浆体流动度相比于加减水剂不超声的浆体有所下降。

随着超声时间的不断增加,水泥颗粒表面吸附的减水剂逐渐减少,加上超声产生的热量的增加,水泥水化不断加快,自由水被消耗,水泥颗粒表面的减水剂被水化产物所覆盖,空间位阻逐渐失效,使得水泥颗粒间的斥力不断减少,水泥颗粒逐渐形成絮凝结构。所以当超声时间不断增加时,浆体的流动度一直下降。

6.5　本章小结

本章通过对超声作用和外加减水剂下浆体的流动度和泌水率等工作性能参数,剪切应力、表观黏度、屈服应力、塑性黏度等流变参数随时间的变化,研究其对浆体内部絮凝结构产生影响的内在机理,主要得出以下几点结论:

(1)超声作用对浆体的流动度和泌水率影响较大。随着超声时间和超声功率的增加,浆体的流动度和泌水率均先上升后下降。

(2)超声与减水剂共同作用时,减水剂的减水效果随着超声时间的延长而大幅下降。减水剂的掺加大幅增加了浆体的流动度和泌水率,而与超声共同作用时,浆体的流动度和泌水率随超声时间的增加而减小。

(3)超声作用下浆体的流变曲线变化符合 Bingham 模型,且呈现剪切变稀的特征。超声作用对浆体的屈服应力影响不大,但显著影响着浆体的塑性黏度,与减水剂的减水机理不同。

(4)在同一剪切速率和水化时间下,净浆的剪切应力随超声参数的增大而减少,且随静置时间的增加,超声组的剪切应力变化较大,但超声时间的不同对浆体的剪切应力影响不大。

(5)在同一剪切速率和水化时间下,超声参数不同的浆体在低剪切速率($0 \sim 5 \ \mathrm{s}^{-1}$)时表观黏度均高于不处理的参考组,在其他剪切速率下低于参考组,且随超声参数的增大,浆体表观黏度逐渐变大。

(6)超声作用对浆体的分散作用随静置时间的延长不断变

小,表现为剪切应力和表观黏度变化较快,逐渐逼近参考组浆体的值。

(7) 当超声时间一定时,随着超声功率的增加,浆体的屈服应力和塑性黏度大致表现为先减小后增大的规律,且随着静置时间的增加,超声作用下的浆体屈服应力和塑性黏度变化较快。

(8) 当超声功率一定时,随着超声时间的增加,浆体的屈服应力先减小后增加,但变化幅度不大,而浆体的塑性黏度逐渐下降。随着浆体静置时间的延长,浆体的塑性黏度和屈服应力变化幅度减小。

(9) 超声作用下减水剂失效是屈服应力增加所致。超声时间越长对减水剂分散效果的发挥影响越大。而后添加减水剂时浆体的屈服应力和塑性黏度均大幅下降,更有利于浆体中水泥颗粒的分散。

7 超声振动提升水泥浆体 CO$_2$ 吸收效率研究

新拌浆体的搅拌速率、水灰比及减水剂添加顺序均对新拌水泥浆体 CO$_2$ 的吸收速率和极限吸收量有较大影响,合理设置这些参数可以在一定程度上提高其吸收 CO$_2$ 的吸收速率和极限吸收量。然而,在实际混凝土制备过程中,混凝土拌制时间是极其短暂的,一般在 30～90 s 范围。而仅仅通过合理设置搅拌速率、水灰比以及减水剂添加顺序等措施,都无法满足实际混凝土快速大量吸收 CO$_2$ 的要求。因此,新拌混凝土对 CO$_2$ 吸收效率和极限吸收量依然存在较大发展空间。

混凝土是一种多孔隙复合材料,将超声波技术与机械搅拌相结合,可以有效提升其 CO$_2$ 吸收效率。原因在于超声波会产生"空化"作用,可起到扰动破碎枝晶、细化晶粒和增大溶液扩散系数等作用,运用到新拌水泥吸收 CO$_2$ 过程中,将有效增加 CO$_2$ 和水泥中物质的接触面,从而进一步增加反应物的量。因此,将超声波振动技术应用到新拌水泥基材料吸收 CO$_2$ 当中去是十分可行的。

基于此,本章在原有 CO$_2$ 吸收装置的基础上增加超声波振动器,研制一种更为先进的新型混凝土制备装置。通过超声所特有性能,研究在超声振动搅拌下对新拌水泥吸收 CO$_2$ 速率和吸收量以及超声振动对吸收 CO$_2$ 水泥浆体流动度及孔隙率的影响规律。最后通过 SEM 观测,分析新拌水泥浆体在超声振动搅拌下与吸

收 CO_2 的协同作用机理,研究新拌水泥浆体吸收不同量 CO_2 后的内部微观结构变化规律,从而揭示超声振动引起水泥基材料基本性能的变化机理,深度分析超声波作用下对水泥絮凝体以及对溶液晶体粒度的影响规律。

7.1 超声振动技术及工作原理

(1) 超声波振动技术

一般情况下,声波主要有次声波、可听声波、超声波三种类型,其频率范围及主要特征如表 7-1 所示。

表 7-1 声波频率范围及特征

类型	频率范围/Hz	特 征
次声波	<20	不在人耳听力范围之内,衰减缓慢
可听声波	20~20 000	处于人耳听力范围之内
超声波	>20 000	穿透力强,振动强度大,有空化现象

一般而言,超声波频率处于 20 000 Hz 以上,因此具有较强的穿透力和方向性,同时伴随着较大的能量。此外,超声波对于部分化学反应具有较大影响,如在超声波状态下,纯水可分解为 H_2O,可使带有颜色的布料发生褪色或变色。

化学反应在整个进行的过程当中,总是会伴随着"空化"作用,即液体中存在着气泡,由于超声辅助作用,使得气泡处于不稳定状态,最终在交变力作用下爆裂,甚至会发出异响,此现象也称之为"热点"。"热点"的形成,会为化学反应提供特殊的环境(高温、高压、冲击波和射流),从而会加速某些化学反应的进行。因此,本书基于此特性来研制超声辅助装置完成水泥浆体吸收

CO_2。图 7-1 为超声波振动系统示意图。

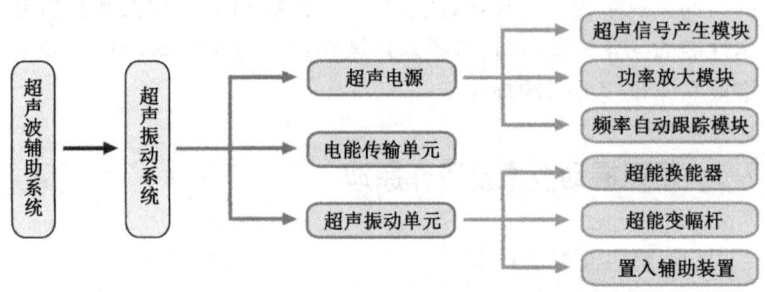

图 7-1　超声波振动系统示意图

振动系统主要包括构成部分，即电源、振动单元、电能传输单元。电源为整个系统提供动力，主要由超声信号产生模块、功率放大模块和频率自动跟踪模块组成；超声电能传输单元主要用于信号的传递；超声振动单元主要由换能器、变幅杆及置入辅助装置等组成，可以实现超声波辅助搅拌。

（2）超声波搅拌系统工作原理

由于"热点"的作用，超声波搅拌水泥浆体可起到破碎枝晶、细化晶粒的作用。同时，也可以减少液体中气体，加速 CO_2 和水泥中物质的反应速度，提高 CO_2 吸收量，从而进一步增加反应物的量。

7.2　试验材料与装置

（1）原材料

本章试验所用水泥、CO_2 气体、聚羧酸减水剂、砂和水与 3.1 节中使用材料相同。

（2）CO_2 吸收装置改造

为了研究超声搅拌对新拌水泥浆体 CO_2 吸收速率和极限吸收量的影响,将超声振动器连入原有 CO_2 吸收装置中,制得超声搅拌试验装置,如图 7-2 所示。

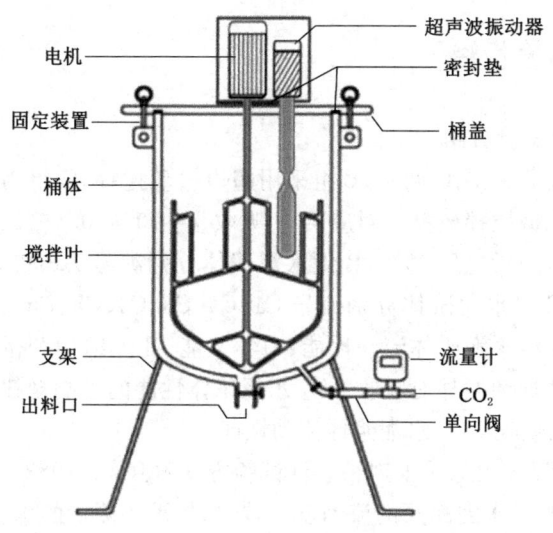

图 7-2 超声波振动搅拌装置示意图

(3) 吸收 CO_2 新拌水泥浆体的制备

拌制水灰比为 0.50 的水泥浆体,搅拌速率设定为 210 r/min±5 r/min,待浆体搅拌均匀后,打开超声振动器和 CO_2 流量阀,边搅拌边通入 CO_2 气体,利用 CO_2 流量计测量水泥浆体 CO_2 吸收速率和吸收量。

(4) 最佳超声频率的确定

超声波"空化"效应与超声频率有直接的影响,频率越低,则"空化"效应越明显。基于此,为了达到良好的搅拌效果,本书自主研发并制备了三款超声波频率较低的搅拌装置,其超声波频率分别为 20 kHz、28 kHz 和 40 kHz。

以机械搅拌成型的试样为对照。每隔 5 s 测量一次 CO_2 吸收速率和吸收量,研究超声频率对其经时变化影响,确定最佳超声频率。

7.3　试验步骤

(1) 试验分组

试验分为 B、C 两组,B 组采用超声振动搅拌,C 组为对照组,即采用机械搅拌成型。对应 CO_2 吸收量为 0%、0.44%、0.88%、1.32%、1.76%、2.20%,B 组水泥浆体分别编号 B1、B2、B3、B4、B5、B6,C 组水泥浆体分别编号 C1、C2、C3、C4、C5、C6。最后,分别测定两组水泥浆体流动性能、力学性能、孔隙结构和微观形貌,研究超声振动搅拌对吸收 CO_2 水泥浆体性能的影响规律。

(2) 吸收 CO_2 水泥浆体流动性能

根据《水泥与减水剂相容性试验方法》(JC/T 1083—2008)测试 B、C 两组水泥净浆的流动度。首先,将需要测量的水泥浆体迅速注入截锥圆模内,用刮刀刮平,使截锥圆模按照垂直方向提起,同时开启秒表计时,任水泥浆体在玻璃板上流动 30 s,然后用直尺量取流滴部分互相垂直两个方向的最大直径,最后取其平均值作为水泥净浆流动度,从而研究超声振动对吸收 CO_2 水泥浆体流动性能的影响规律。

(3) 吸收 CO_2 硬化水泥石力学性能

将 B、C 两组新拌水泥浆体按照《水泥胶砂强度检验方法(ISO 法)》(GB/T 17671—2021)成型出 40 mm×40 mm×160 mm 样件。养护 1 d 后,进行拆模,在设定温度为 20 ℃±2 ℃、湿度＞95% 的环境下分别按照标准养护 3 d、7 d 和 28 d,再使用压力机测试抗折及抗压强度。研究超声振动对新拌水泥浆体吸收 CO_2 后对其力学性能影响规律。试验采用的设备为无锡建仪 TYE-2000E

型电脑全自动混凝土压力机。

（4）吸收 CO_2 硬化水泥石的孔隙结构

将 B、C 两组水泥净浆装入 40 mm×40 mm×40 mm 的立方体试模振捣密实成型，然后利用水银压汞法测定其 28 d 的孔隙结构分布和孔隙率，以研究超声振动对水泥浆体吸收 CO_2 后的孔隙率影响规律。试验设备为美国康塔 PoreMaster 33 压汞仪。

（5）水泥浆体吸收 CO_2 析出产物的形貌特征

将 B、C 两组中吸收 CO_2 量为 0%、0.44%、0.88% 和 1.32% 的新拌水泥浆体注入立方体模具(40 mm×40 mm×40 mm)中，并将试验模具放在振动板上振动成型，标准养护 12 h 制得净浆试样。此时，试件正处于成型初期，具备一定强度，且其内部结构相对疏松，在此状态下，更有利于监测到 CO_2 与水泥的反应生成物。将净浆试件制成 1 mm 厚样品，浸入无水乙醇中 48 h 以终止水泥的水化作用。在 65 ℃的恒温鼓风烘箱内将试样干燥处理 24 h，并放置于离子溅射仪中进行表面喷金处理，利用扫描电镜进行 SEM 和能谱分析。SEM 扫描使用的是 FEIQuanta™ 250 型扫描电子显微镜。

（6）硬化混凝土孔隙率的计算与表征

孔隙率是指材料中孔隙体积与表观体积的比值，该数值表征了材料的疏密程度。其计算公式为：

$$P = \frac{V_0 - V}{V_0} \times 100\% = \left(1 - \frac{\rho_0}{\rho}\right) \times 100\% \qquad (7\text{-}1)$$

式中　P——孔隙率；

V_0——表观体积；

ρ_0——体积密度；

V——绝对密实体积。

7.4 结果与讨论

7.4.1 超声波频率对 CO_2 吸收速率和极限吸收量的影响

(1) 超声频率对 CO_2 极限吸收量的影响

超声振动对 CO_2 极限吸收量的影响如图 7-3 所示。从图中可以看出,在机械搅拌下,随时间增加浆体对 CO_2 的吸收量逐渐增加。当 CO_2 吸收时间分别在 5 s、10 s、15 s 和 20 s 时,CO_2 的吸收量分别是水泥质量的 0.77%、1.35%、1.87%、2.15%、2.47%。当吸收时间达到 35 s 时,浆体逐渐稠化,失去流动性能,无法再吸入 CO_2 气体,此时浆体对 CO_2 的吸收达到极限吸收量 2.64%。

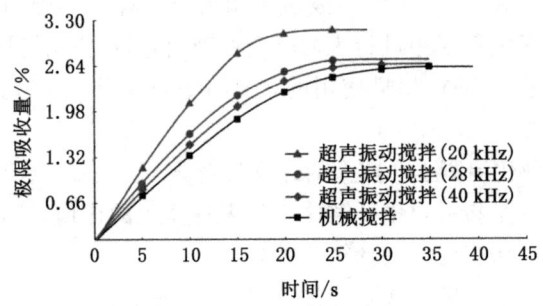

图 7-3 超声振动对 CO_2 极限吸收量的影响

和机械搅拌相比,在超声振动搅拌下新拌浆体对 CO_2 吸收速度显著提高。吸收时间分别为 5 s、10 s、15 s、20 s、25 s 时,超声频率 40 kHz 新拌浆体对 CO_2 吸收量分别是水泥质量的 0.85%、1.41%、2.07%、2.42%、2.61%,比同一时间机械搅拌作用依次增加了 10.4%、4.4%、10.7%、12.6%、5.7%。在 30 s 时 CO_2 吸收量达到最大,其极限吸收量为水泥质量的 2.66%。因此,与机械搅拌相比,超声振动搅拌下新拌浆体对 CO_2 吸收时间缩短,极限吸收量显著提升。

随着超声频率的下降,水泥浆体对 CO_2 气体的极限吸收量有所提升。当吸收时间为 5 s、10 s、15 s、20 s 时,超声频率 28 kHz 新拌浆体对 CO_2 的吸收量分别是水泥质量的 0.94%、1.65%、2.2%、2.53%,超声频率 20 kHz 新拌浆体对 CO_2 的吸收量分别是水泥质量的 1.19%、2.09%、2.84%、3.12%。超声频率 28 kHz 新拌浆体在 25 s 时达到极限吸收量 2.73%,超声频率 20 kHz 新拌浆体在 25 s 时达到极限吸收量 3.17%。

(2) 超声振动对 CO_2 吸收速率的影响

超声振动对 CO_2 吸收速率的影响如图 7-4 所示。从图中可以看出,机械搅拌下,当 CO_2 的吸收时间在 5 s、10 s、15 s、20 s、25 s 和 30 s 时,CO_2 的吸收速率分别为是 0.063%/s、0.061%/s、0.058%/s、0.053%/s、0.046%/s 和 0.035%/s。随着 CO_2 吸收时间的延长,水泥浆体逐渐稠化,CO_2 吸收速率逐渐下降,30 s 后水泥浆体逐渐由流体向膏体转变,在 35 s 时浆体对 CO_2 的吸收能力达到饱和不再吸收。

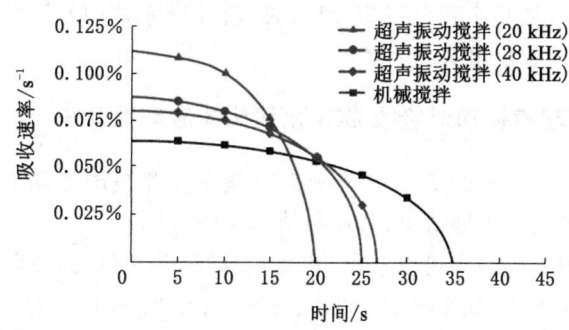

图 7-4 超声振动对 CO_2 吸收速率的影响

在超声振动下,当超声频率为 40 kHz,吸收时间分别在 5 s、10 s、15 s、20 s 时,水泥浆体 CO_2 的吸收速率分别为 0.08%/s、0.075%/s、0.067%/s 和 0.055%/s,比同一时间机械搅拌作用依次提升了 27%、23%、15.5%、3.8%。20 s 后水泥浆体逐渐由流体向膏体转变,在 27 s 时浆体吸收 CO_2 的能力达到饱和。

随着超声频率的下降,吸收时间分别在 5 s、10 s、15 s、20 s 时,超声频率 28 kHz 时,水泥浆体吸收 CO_2 的吸收速率分别为 0.085%/s、0.08%/s、0.072%/s、0.054%/s,水泥浆体对 CO_2 气体的吸收速率又有所提升。而吸收时间分别在 5 s、10 s、15 s 时,超声频率 20 kHz 时水泥浆体对 CO_2 的吸收速率分别为 0.108%/s、0.1%/s、0.077%/s,水泥浆体对 CO_2 气体的吸收速率有了明显的提升。

从以上测试结果可以看出,随着超声频率从 40 kHz 下降到 28 kHz,再到 20 kHz 时,新拌浆体对 CO_2 的吸收时间逐渐缩短,而对 CO_2 的吸收速率和极限吸收量却不断提升。原因在于随着超声波频率的提高,振动也会加剧。此结果最终会引起更多无用气泡的产生,增加散射损耗,形成声屏障,造成搅拌不均匀,引发浆体中的颗粒分布不够均匀,从而影响了超声波振动带来的效果。因此,当超声频率在 20 kHz 时,新拌浆体对 CO_2 吸收速率最快,极限吸收量最大。

7.4.2 超声振动对吸收 CO_2 水泥浆体流动性影响

图 7-5(a)和图 7-5(b)分别为机械搅拌和超声振动搅拌作用下水泥净浆的扩展情况,具体数值绘于图 7-6。

从图 7-5(a)中可以看出,机械搅拌下,当 CO_2 的吸收量分别在 0%、0.44%、0.88%、1.32%、1.76%、2.20% 时,水泥净浆的扩展度分别为 159 mm、140 mm、131 mm、122 mm、106 mm、98 mm。而在超声振动搅拌下[见图 7-5(b)],水泥净浆的扩展度分别为

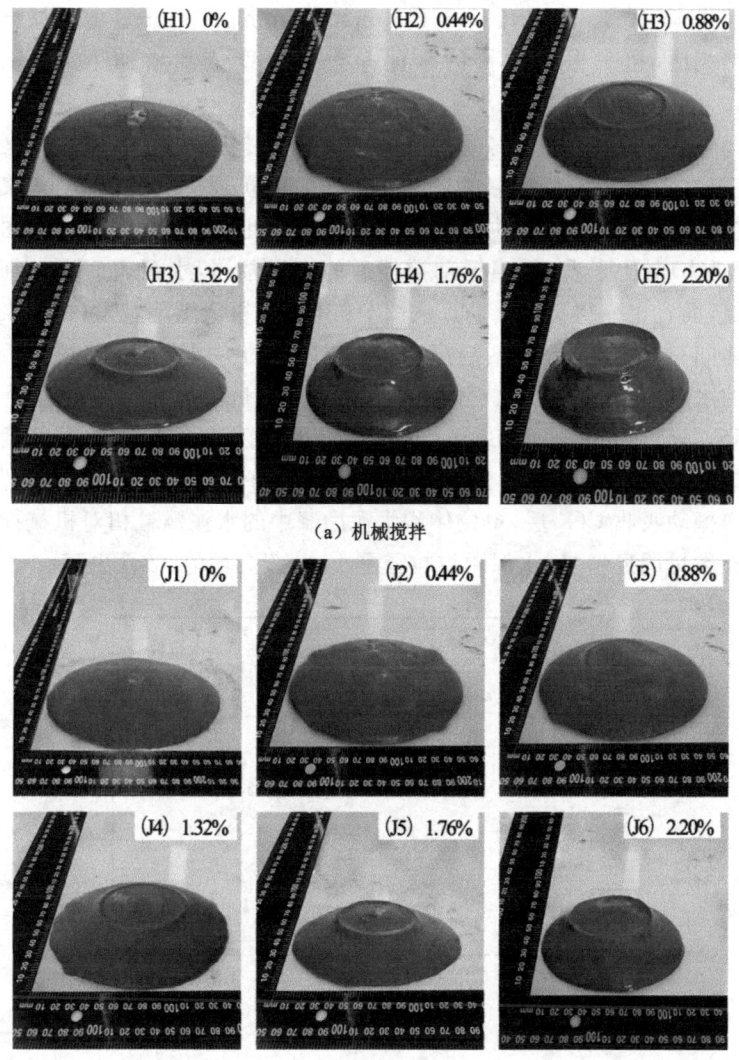

（a）机械搅拌

（b）超声振动搅拌

图 7-5 水泥净浆扩展度随 CO_2 吸收量的变化

174 mm、154 mm、143 mm、133 mm、115 mm、105 mm。与机械搅拌相比,超声振动搅拌的水泥净浆扩展度依次增加了9.4%、10%、9.2%、8.5%、7.1%。

从测量结果上看,超声振动可以有效提高水泥净浆的扩展度,并随着CO_2吸收量的增加水泥净浆的扩展度会逐渐减小,浆体慢慢失去流动性,并逐渐向膏体转变。此外,从图7-5(a)和图7-5(b)对比来看,超声振动搅拌后的水泥浆体,水泥表面更加细腻,而且也显得更加水润。从图7-6中可以很清晰地看出,新拌浆体同一CO_2吸收量下,超声搅拌水泥净浆的扩展度比机械搅拌后的水泥净浆扩展度大。随着浆体吸收CO_2量增加,扩展度明显下降,且下降的幅度也较大。这主要是因为随着CO_2吸收量的增加,水泥净浆内部发生变化,阻碍浆体流动的作用逐渐增加。超声振动吸收CO_2后,单位体积水泥净浆中的水泥颗粒相对机械搅拌数量明显增多,水泥颗粒粒径更小、分布更均匀、活性更高。

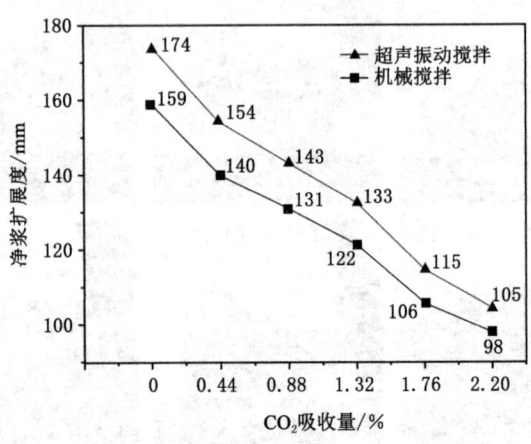

图 7-6　不同搅拌方式下CO_2吸收量与水泥净浆扩展度关系

此外,水泥颗粒周围相对絮凝结构含量增加,钙矾石和 $CaCO_3$ 晶体在水泥水化产物周围分布面积也更加均匀。水泥颗粒絮凝结构中包裹絮凝水相对减少,自由水相对增加。因此,可以判断出影响水泥净浆流动性的主要原因是水泥颗粒粒径变小、自由水增加。

7.4.3　超声振动对吸收 CO_2 水泥浆体孔隙分布及孔隙率影响

根据超声振动原理,在搅拌过程中水泥浆体受到超声振动影响,浆体吸收 CO_2 的效率在一定程度上有所提升。同时,在超声振动影响下,会对吸收 CO_2 水泥浆硬化体的孔隙率产生一定影响。

(1) 孔隙分布的最可几孔径

通过压汞法测定,可以得出不同 CO_2 吸收量水泥石孔隙分布微分曲线,如图 7-7 所示。从该图可知,CO_2 吸收量在 0%、0.44%、0.88%、1.32%、1.76% 和 2.20% 时,机械搅拌下相应最可几孔径依次为 112.5 nm、118.5 nm、92.5 nm、83.1 nm、80.7 nm 和 72.7 nm,而在超声振动下最可几孔径分别为 78.7 nm、83.3 nm、70.5 nm、60.6 nm、49.4 nm、48.2 nm,与机械搅拌相比分别降低了 30%、29.7%、23.8%、27.1%、38.8%、33.7%。

从孔隙分布微分曲线统计数据上看,超声振动搅拌的最可几孔径比机械搅拌的最可几孔径小。超声振动下 CO_2 吸收量分别为 0.44%、0.88%、1.32%、1.76% 和 2.20% 时,最可几孔径依次降低了 15.4%、14%、18.5% 和 2.4%。说明超声振动搅拌下水泥石孔隙分布的最可几孔径是随着 CO_2 吸收量的增加而不断减少的。新拌浆体 CO_2 吸收量越大,最可几孔径值越小,也就是说,超声辅助作用在一定程度上可降低水泥基材料的最可几孔径,使其再分布,从而使材料密实度提高。

(2) 孔隙分布

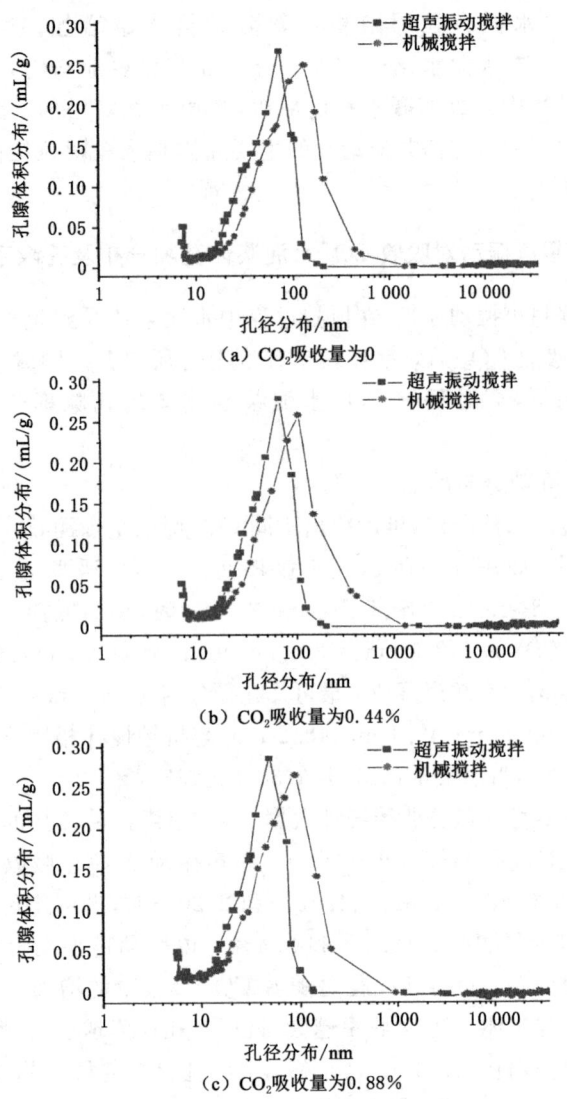

图 7-7　不同 CO_2 吸收量水泥石的孔隙分布微分曲线

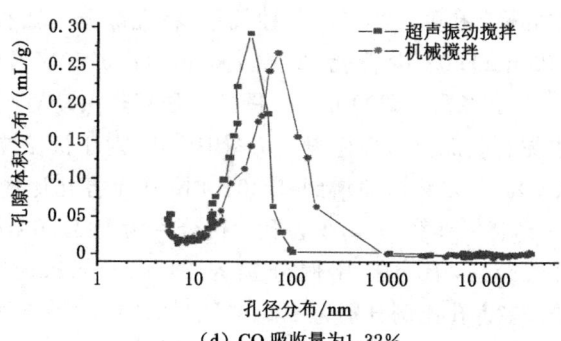

（d）CO_2吸收量为1.32%

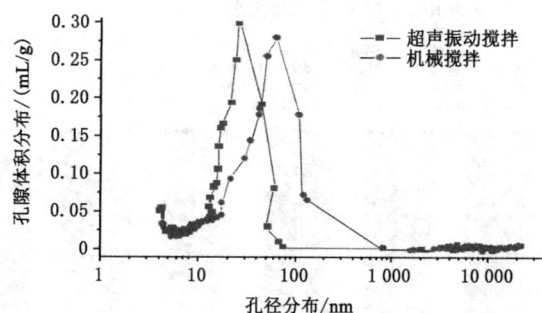

（e）CO_2吸收量为1.76%

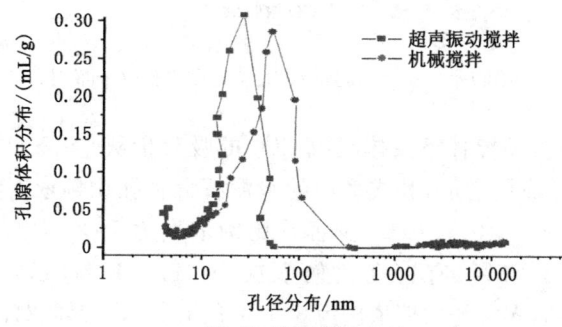

（f）CO_2吸收量为2.20%

图 7-7　（续）

根据混凝土孔隙大小与耐久性关系,将孔隙分为四种:① 无害孔(<20 nm);② 少害孔($20\sim100$ nm);③ 有害孔($100\sim200$ nm);④ 多害孔(>200 nm)。图 7-8 是超声振动对吸收不同量 CO_2 水泥石孔隙分布规律图。从图中看出,对于机械搅拌 CO_2 吸收量从 0% 以 0.44% 递增到 2.20% 时,其无害孔比例分别为 4%、5%、6%、8%、9%、9%,少害孔比例分别为 58%、60%、61%、63%、65%、67%,有害孔比例分别为 34%、31%、29%、26%、23%、21%,多害孔比例分别为 4%、4%、4%、3%、3%、3%。

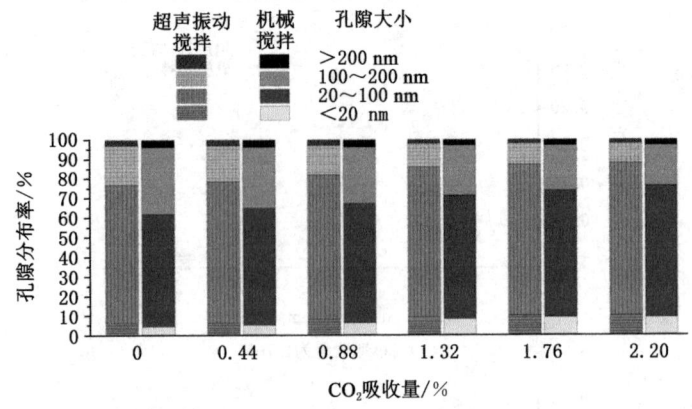

图 7-8 吸收不同量 CO_2 水泥石的孔隙分布

超声振动搅拌下浆体吸收 CO_2 的吸收量从 $0\sim2.20$% 中间以 0.44% 等量增加,其成型后的水泥石无害孔比例依次为 6%、6%、8%、9%、10%、10%,少害孔比例依次为 70%、72%、74%、77%、77%、78%,有害孔比例依次为 21%、19%、15%、12%、11%、10%,多害孔比例依次为 3%、3%、3%、2%、2%、2%。

从以上试验结果可以看出,超声振动搅拌下吸收 CO_2 水泥石孔隙中,变化较大的是少害孔和有害孔。与机械搅拌相比,CO_2

吸收量在 0%、0.44%、0.88%、1.32%、1.76%、2.20%时,超声振动少害孔依次增加了 20.7%、20%、21.3%、22.2%、18.8%、16.4%,有害孔依次减少了 38.2%、38.7%、48.3%、53.8%、52.2%、52.4%。由此说明,超声振动搅拌下少害孔数量有了明显的增加,而有害孔数量却有了明显的减少。

此外,从吸收不同量 CO_2 水泥石四个区域孔隙分布来看,超声振动和机械搅拌后水泥石随着 CO_2 吸收量增加,无害孔和少害孔的比例均会增加,而有害孔和多害孔的比例却相反。从超声搅拌和机械搅拌对比来看,超声振动孔隙分布更优化,无害孔和少害孔比例会增加,有害孔和多害孔比例会有所减小。

超声振动下吸收不同量 CO_2 新拌水泥浆体硬化体孔隙微分曲线分布规律如图 7-9 所示。在超声振动辅助下的浆体硬化体试件,随着 CO_2 吸收量增加,孔隙分布的曲线峰值随着 CO_2 吸收量的增加而增长,最高峰尖整体曲线也会随着 CO_2 吸收量的增加向左偏移,同时说明了无害孔和少害孔增多,有害孔和多害孔减少。

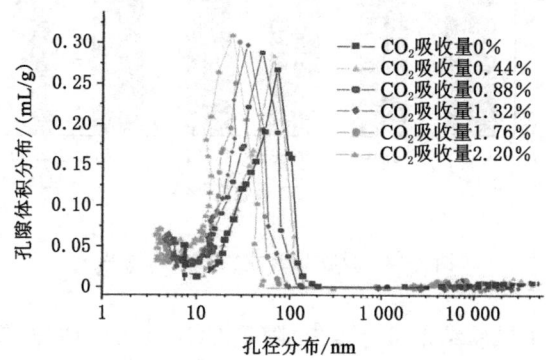

图 7-9 超声振动下吸收不同量 CO_2 新拌水泥浆体硬化
体孔隙分布对比微分曲线

（3）孔隙率

图 7-10 为吸收不同量 CO_2 水泥石的总孔隙率。从图 7-10 可以看出，当 CO_2 吸收量分别为 0％、0.44％、0.88％、1.32％、1.76％、2.20％时，在机械搅拌下水泥石孔隙率分别为 17.5％、17.1％、16.0％、15.1％、14.3％、13.8％；超声振动搅拌下水泥石孔隙率分别为 15.6％、15.1％、14.6％、13.4％、12.1％、11.5％，和机械搅拌相比，超声振动搅拌下的水泥石孔隙率依次减少了 10.9％、11.7％、8.8％、11.3％、15.4％、16.7％。此外，在超声振动搅拌下，当 CO_2 吸收量分别为 0％、0.44％、0.88％、1.32％、1.76％、2.20％时，水泥石的孔隙率依次下降了 3.2％、3.3％、8.2％、9.7％、5.0％。

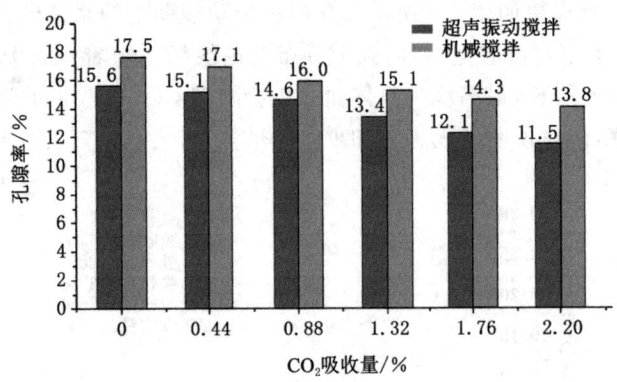

图 7-10　吸收 CO_2 水泥石的孔隙率

从以上试验结果可以得出：随着 CO_2 吸收量增加，超声振动和机械搅拌下碳化水泥石的孔隙率虽然不断降低，但超声振动下碳化水泥石的孔隙率降低更多。这主要是由于在超声振动条件下，超声波将球状的水泥颗粒体积振动剥离变小，由于水泥絮团体被剥离，增加了水泥颗粒与水的接触面，随着浆体不断被搅拌，

CO_2 的吸收量不断增加,从而加快水泥化学反应,产生大量的 C-S-H凝胶和 CH 等水化产物,导致水泥石内部孔隙减少,密实度大大增加,从而提高水泥的力学性能和耐久性能。

(4) 平均孔径

图 7-11 是水泥石吸收不同量 CO_2 的平均孔径。从图 7-11 可以看出,当 CO_2 吸收量分别为 0%、0.44%、0.88%、1.32%、1.76%、2.20%时,在机械搅拌下,水泥石平均孔径分别是 88 nm、79 nm、75 nm、68 nm、65 nm、60 nm;而在超声振动搅拌下水泥石平均孔径分别为 80 nm、73 nm、65 nm、56 nm、50 nm、45 nm,和机械搅拌相比,超声振动搅拌下的水泥石平均孔径依次减少了 9.1%、7.6%、13.3%、17.6%、23.1%、25.0%。另外在超声振动搅拌下,当 CO_2 吸收量分别为 0%、0.44%、0.88%、1.32%、1.76%、2.20%时,水泥石平均孔径依次下降了 8.8%、11.0%、13.8%、10.7%、10.0%。

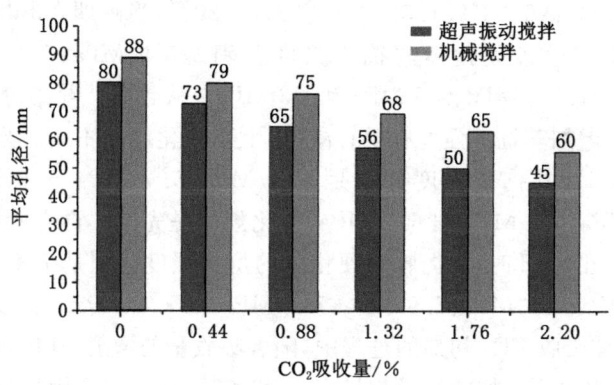

图 7-11　吸收 CO_2 水泥石的平均孔径

从以上试验结果得出:超声振动和机械搅拌都可以有效减少碳化水泥石平均孔径,随着 CO_2 吸收量增加,碳化水泥石的平均孔径也随之减少。然而,在超声振动下碳化水泥石的平均孔径减少更多。这主要是由于超声振动的浆体内部吸收了 CO_2 后,生成的新物质可以有效减小水泥基材料内部的孔径尺寸,优化材料内部孔径,孔隙率降低,使得整个试块中的孔可以更合理更有效地再分配,水泥颗粒粒径变小,活性变高,易于吸附电荷。

此外,由于水泥颗粒与水反应生成物表面带电荷(正或负电荷),因此,在电荷作用下,水泥颗粒之间互相絮凝,形成更多的水泥颗粒的絮凝结构。这不仅仅提高了水泥基材料性能,也对其耐久性起到积极有利的作用。

7.4.4 超声振动对吸收 CO_2 水泥基材料力学性能影响

(1)抗折强度

超声振动对吸收 CO_2 水泥基材料抗折性能的影响规律如图7-12所示。从该图可以看出,在机械搅拌下,CO_2 吸收量分别是0%、0.44%、0.88%、1.32%、1.76%、2.20%,当龄期在3 d时,对应的水泥胶砂硬化体的抗折强度分别是5.9 MPa、5.4 MPa、5.7 MPa、5.2 MPa、5.6 MPa 和5.3 MPa。从数据上看,随着 CO_2 吸收量增加其抗折强度有增有减,但上下变化幅度不大。当龄期在7 d时,其抗折强度分别是6.9 MPa、6.7 MPa、6.0 MPa、6.1 MPa、6.5 MPa 和6.5 MPa,变化规律是先减小再有所回升。而龄期在28 d时,水泥胶砂硬化体的抗折强度分别是7.4 MPa、7.6 MPa、7.5 MPa、7.9 MPa、7.4 MPa 和7.4 MPa。从数据上看,浆体吸收 CO_2 初期的过程中,随着吸收量的增加,其抗折强度变化较为平稳,当 CO_2 吸收量在1.32%时,抗折强度则出现一定幅度提升,之后随着 CO_2 吸收量增加,抗折强度又出现小幅降低,而总体变化范围并不明显。从各个龄期上看,随着 CO_2 吸收量增加,新拌水泥石抗折强度增加不明显,中间虽有一定幅度变化,但不会随着 CO_2 吸收量变化而发生较大改变。

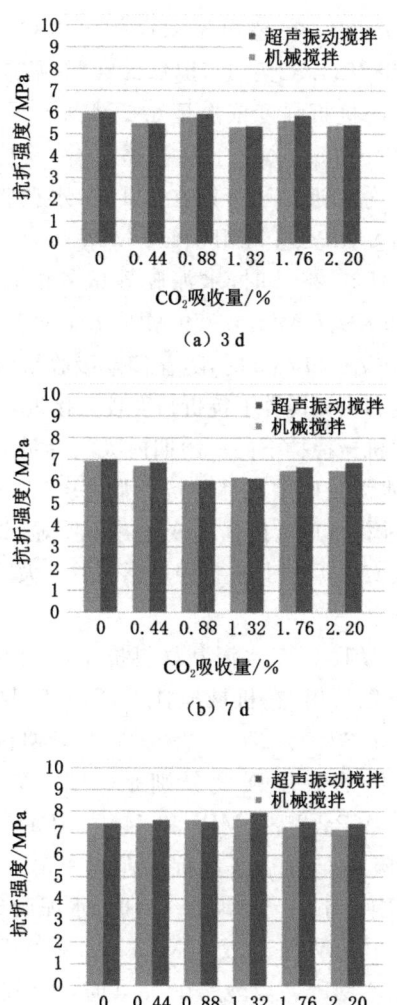

（a）3 d

（b）7 d

（c）28 d

图 7-12 两种搅拌方式下水泥基材料抗折性能对比

和机械搅拌相比,在超声振动搅拌下,CO_2 吸收量分别是 0%、0.44%、0.88%、1.32%、1.76%、2.20%,龄期在 3 d 时,对应的水泥胶砂试件的抗折强度依次是 6.0 MPa、5.4 MPa、5.9 MPa、5.3 MPa、5.8 MPa 和 5.4 MPa。从数据上看,其抗折强度变化规律与机械搅拌十分相近。当龄期在 7 d 时,水泥胶砂硬化体的抗折强度分别是 6.9 MPa、6.7 MPa、6.0 MPa、6.1 MPa、6.5 MPa 和 6.5 MPa。当龄期在 28 d 时,水泥胶砂试件的抗折强度依次是 7.45 MPa、7.61 MPa、7.5 MPa、7.9 MPa、7.4 MPa 和 7.38 MPa。可以看出,当龄期在 7 d 和 28 d 时,随着 CO_2 吸收量增加,超声振动搅拌下的抗折强度和机械搅拌下抗折强度较为接近,而且变化规律也基本相同。对比机械搅拌下同一龄期内吸收等量 CO_2 试件可以发现,超声振动下水泥胶砂硬化体的抗折强度会有一定的提升,而随着 CO_2 吸收量的增加其抗折强度变化并不明显,说明在超声振动下水泥浆体吸收 CO_2 后对其抗折强度影响并不大。

(2)抗压强度

超声振动对吸收 CO_2 水泥基材料抗压性能的影响如图 7-13 所示。从图中可以看出,在机械搅拌下,CO_2 吸收量分别是 0%、0.44%、0.88%、1.32%、1.76%、2.20%,当龄期在 3 d 时,对应的水泥胶砂硬化体的抗压强度分别是 24.9 MPa、24.4 MPa、24.9 MPa、24.0 MPa、25.0 MPa 和 24.9 MPa。从数据上看,试件在养护初期,吸收 CO_2 后浆体抗压强度变化并不明显,虽有些波动,但波动范围很小。当龄期在 7 d 时,水泥胶砂硬化体的抗压强度分别是 32.6 MPa、33.4 MPa、32.1 MPa、32.8 MPa、33.8 MPa 和 33.8 MPa。当龄期在 28 d 时,水泥胶砂硬化体的抗压强度分别是 45 MPa、44.1 MPa、45.8 MPa、47 MPa、46.5 MPa 和 46.7 MPa。从数据上看,即使随着龄期的增加,吸收了 CO_2 的水泥胶砂硬化后的抗压强度也没有随着 CO_2 吸收量的增加而有所改变。

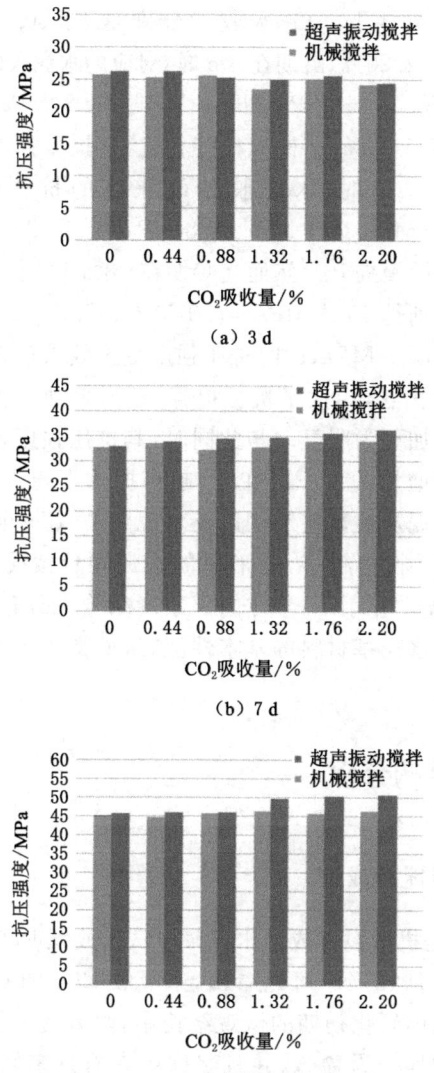

（a）3 d

（b）7 d

（c）28 d

图 7-13　两种搅拌方式下水泥基材料抗压性能对比

超声振动搅拌下,CO_2 吸收量分别是 0%、0.44%、0.88%、1.32%、1.76%、2.20%,龄期在 3 d 时,对应的水泥胶砂硬化体的抗压强度分别是 25.5 MPa、26.4 MPa、26.6 MPa、26.8 MPa、27.0 MPa 和 27.1 MPa,和机械搅拌相比,其抗压强度没有明显变化。当龄期在 7 d 时,水泥胶砂硬化体的抗压强度分别是 33.0 MPa、34.0 MPa、34.5 MPa、34.8 MPa、35.5 MPa 和 36.5 MPa,抗压强度开始缓慢提升。然而当龄期在 28 d 时,水泥胶砂硬化体的抗压强度分别是 45.4 MPa、47.0 MPa、47.0 MPa、49.5 MPa、51.0 MPa 和 51.7 MPa,此时抗压强度提升效果较为明显。

从数据变化看,相比于机械搅拌,超声振动下碳化后水泥石抗压强度的增加更为明显。与此同时,其抗压强度也是随着 CO_2 吸收量增加而增加的。原因在于,超声振动下通入的 CO_2,浆体中存在许多水泥颗粒絮凝结构以及水泥颗粒,超声振动加速了水泥水化,CO_2 吸收量越多,所形成的水泥颗粒絮凝结构就更多。同时,在超声振动作用下,浆体内部絮凝结构也分布得更加均匀,进一步加强了水泥基材料的基本性能,从而提高了水泥基材料的抗压强度。

7.5 微观结构分析

7.5.1 机械搅拌成型

图 7-14 是机械搅拌成型水泥浆体试样放大 10 000 倍的 SEM 图。对比图 7-14(a)(b)可以看出,未吸收 CO_2 和 CO_2 吸收量为 0.44%水泥浆体硬化初期的微观结构中,两者水泥颗粒分布和浆体中胶凝结构均较为稀疏,并且浆体中存有许多间隙,使其结构较为分散;不同的是吸收了 0.44%CO_2 的水泥浆体出现了少量 $CaCO_3$ 晶体,通过放大发现在微观结构中还有少量的 $CaCO_3$ 针

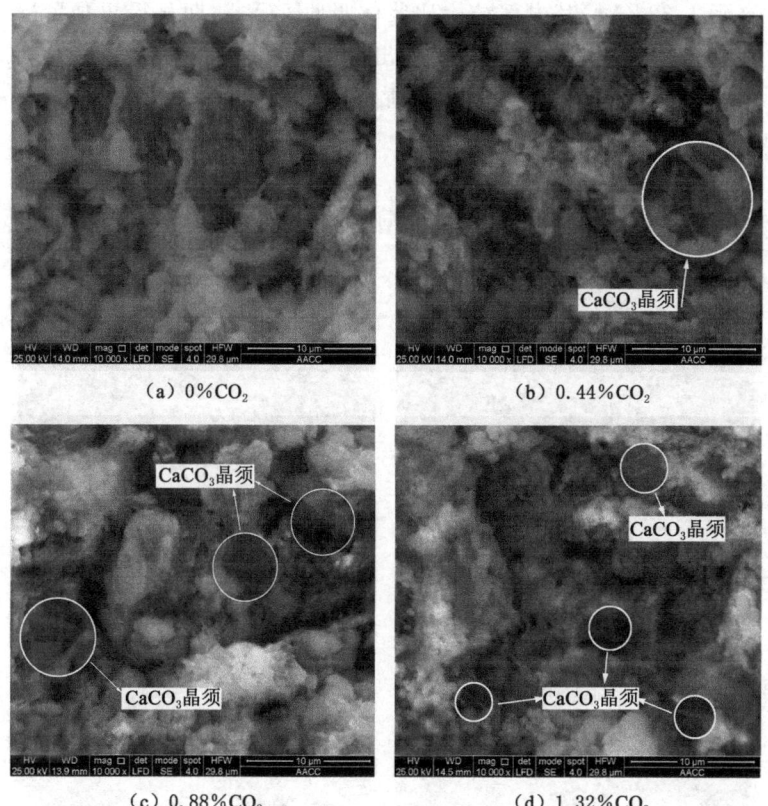

（a）0%CO_2 （b）0.44%CO_2

（c）0.88%CO_2 （d）1.32%CO_2

图 7-14   机械搅拌成型水泥浆体硬化初期的微观结构形貌
（放大倍率:10 000）

状晶须穿插在凝胶物质中,而未吸收 CO_2 的水泥浆体中并未产生针状晶须。

当 CO_2 吸收量提高到 0.88% 时,水化产物在浆体中的分布也越来越广泛,水化产物的 $CaCO_3$ 晶状体以及 $CaCO_3$ 针状晶须相对增多,孔洞有所减少[如图 7-14(c)所示]。当 CO_2 吸收量升高到 1.32%时,其内部结构比浆体吸收 CO_2 初期显得更加紧凑和密实。另外,也可以明显地看出水化产物 $CaCO_3$ 针状晶须相对增多并纵横交织[如图 7-14(d)所示]。

7.5.2 超声振动搅拌成型

图 7-15 是超声振动搅拌成型水泥浆体试样放大 10 000 倍的

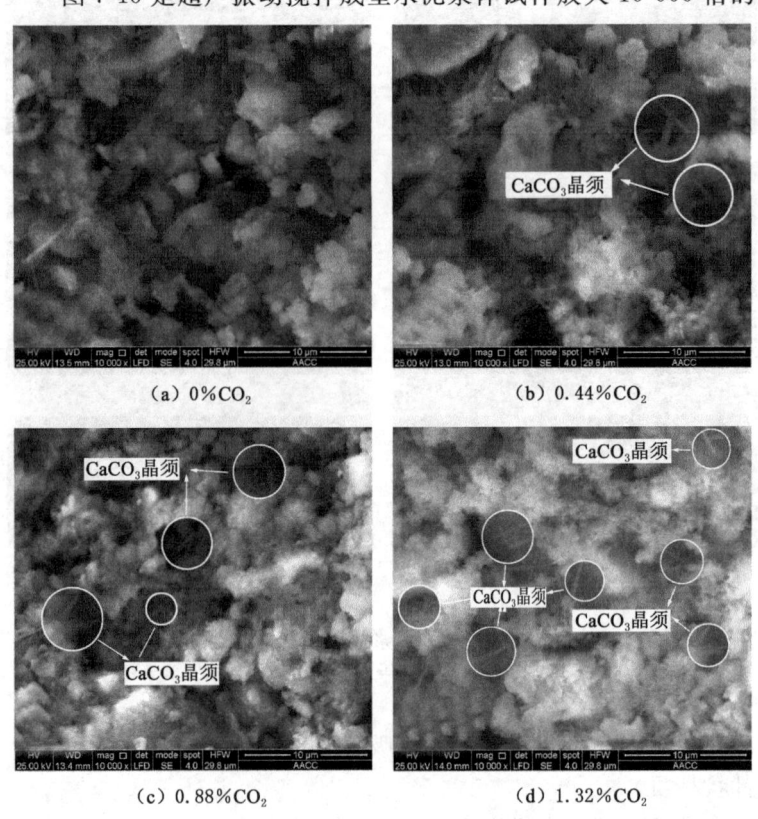

（a）0%CO_2

（b）0.44%CO_2

（c）0.88%CO_2

（d）1.32%CO_2

图 7-15 超声振动搅拌成型水泥浆体硬化初期的微观结构形貌
（放大倍率:10 000）

SEM 图。对比图 7-15(a)(b)可以看出,在超声振动搅拌下,未吸收 CO_2 和 CO_2 吸收量为 0.44%水泥浆体硬化初期的微观结构中,两者水泥颗粒和胶凝结构分布均较均匀,并且没有出现较大的孔洞,孔洞分布也比较均匀,絮凝体之间的距离也有所减小;不同的是吸收了 0.44% CO_2 的水泥浆体同机械搅拌一样出现少量的 $CaCO_3$ 晶体,并有少量的 $CaCO_3$ 针状晶须穿插在凝胶物质中。

当 CO_2 吸收量为 0.88%时,随着 CO_2 的不断通入,CO_2 和 Ca^{2+} 不断反应,水泥的水化进程加速,水化产物不断生成,浆体中的孔洞不断被填充,孔洞的数量及孔径也不断减少,絮凝体体积增大,并且 $CaCO_3$ 针状晶须量也在增加[如图 7-15(c)所示]。当 CO_2 吸收量为 1.32%时,从微观结构上看絮凝体增多且分布均匀,孔洞分布明显减少,且 $CaCO_3$ 晶须继续增加,相互交织、相互搭接形成立体的网状结构[如图 7-15(d)所示]。同机械搅拌对比,超声振动下水泥颗粒和水化产物分布更加均匀,孔洞减少,产生的 $CaCO_3$ 针状晶须数量也更多,水泥在硬化初期也显得更加紧密。

7.5.3　EDS 分析

为了更加清晰对比水泥浆体在超声振动下吸收 CO_2 后各项元素的变化,在水泥浆体未吸收 CO_2、机械搅拌下吸收 1.32% CO_2 和在超声振动下吸收 1.32% CO_2 水泥浆体试样中选取针状物质进行能谱分析[结果分别如图 7-16(a)(b)(c)所示],并测试该处元素组成(测试结果见表 7-2)。

从表 7-2 及图 7-16 可以得出,所测物质元素主要有 C、O、Ca,其他元素的含量较少。从图 7-16(a)可以看出,C、O、Ca 的摩尔含量分别为 11.38%、68.92%和 11.66%。当水泥浆体在机械搅拌下吸收了 CO_2,如图 7-16(b)所示,C、O、Ca 的摩尔含量有所增加,

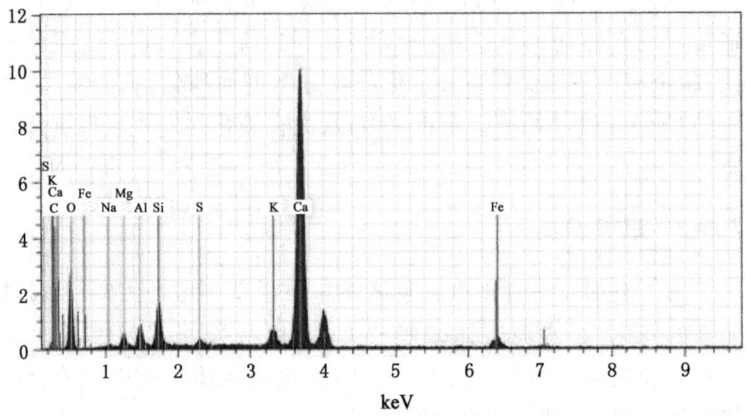

（a）纯水泥浆体未吸收CO_2的EDS图

图 7-16　能谱分析测试测量点

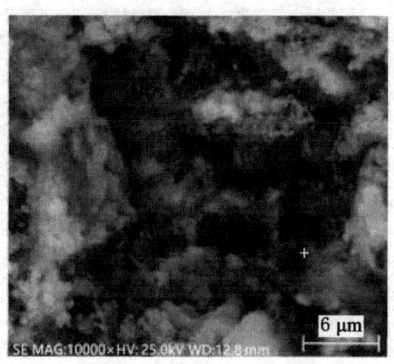

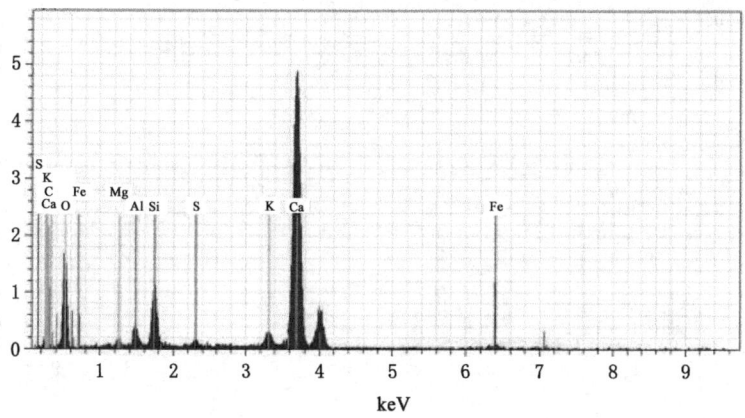

（b）机械搅拌下水泥浆体吸收1.32％CO₂的EDS图

图 7-16　（续）

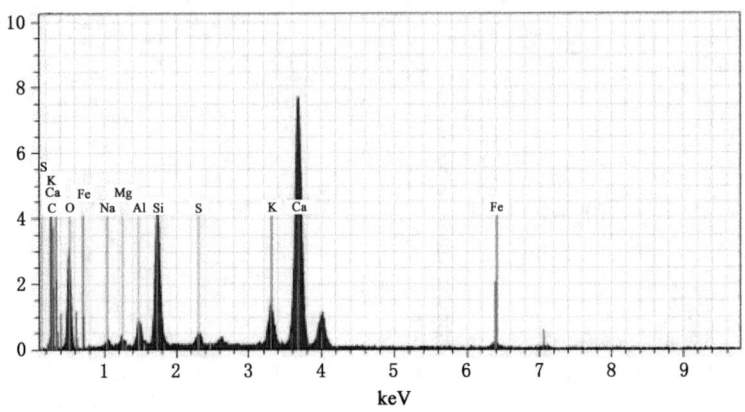

（c）超声振动下水泥浆体吸收1.32%CO_2的EDS图

图 7-16 （续）

依次为 14.23％、69.32％和12.01％。而在超声振动下,如图 7-16 (c)所示,C、O、Ca 的含量增加更为明显,依次为 16.09％、71.35％和 13.11％。通入 CO_2 后,铝元素含量有所减少,可能是因为水泥浆体吸收了 CO_2 后 C 元素增加,再加上图 7-16(b)和图 7-16(c)中测量点处主要存在 O 和 Ca 元素,水泥浆体中除了钙矾石($3CaO \cdot Al_2O_3 \cdot 3CaSO_4 \cdot 32H_2O$)晶体存在,还有碳酸钙($CaCO_3$)晶体的形式存在。

表 7-2　EDS 分析结果

元素	摩尔百分比/％		
	图 7-16(a)	图 7-16(b)	图 7-16(c)
C	11.38	14.23	16.09
O	68.92	69.32	71.35
Si	2.47	2.81	2.62
Ca	11.66	12.01	13.11
Al	2.18	1.56	1.24
Mg	1.33	0.72	1.52
K	1.24	0.83	0.98
Fe	0.33	0.44	0.27
S	0.50	0.38	0.33

此外,在超声"空化"作用下,通入的 CO_2 被有效并均匀分散,使得水泥浆体中新物质碳酸钙的生成相对增多,由于 Al 和 S 元素摩尔百分比降低,因此钙矾石的含量相对减少。通过以上对比分析得出,超声振动下通入 CO_2 比机械搅拌下通入 CO_2,可以更有效增加新物质碳酸钙的含量。

7.6 机理分析

7.6.1 机械搅拌作用下水泥浆体水化机理

（1）未吸收 CO_2 的水泥浆体

未吸收 CO_2 水泥浆体的水化过程如图 7-17 所示。从图中可以看出，水化初期水泥与水反应生成水化硅酸钙凝胶（C-S-H）和 $Ca(OH)_2$ 晶体，随着水化时间不断延长，胶凝体也在不断增加，导致凝胶膜也在不断增厚，水泥开始慢慢硬化，直至水泥水化完成。

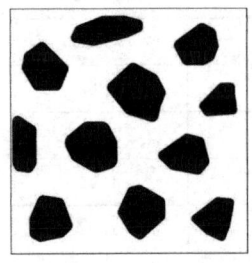 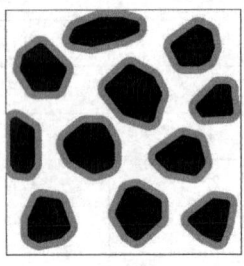 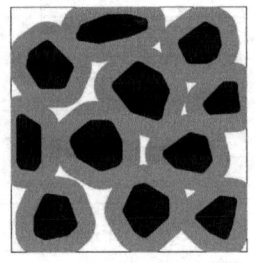

（a）新拌水泥浆体初始状态　　（b）水泥浆体水化初期　　（c）水泥浆体水化后期

水泥颗粒　　絮凝胶水化产物

图 7-17　机械搅拌新拌水泥浆体的水化机理

（2）机械搅拌吸收 CO_2 水泥浆体

机械搅拌吸收 CO_2 水泥浆体的水化过程如图 7-18 所示。从该图可以看出，在机械搅拌作用下 CO_2 气体在水泥浆体中分散均匀，且率先溶解生成 H_2CO_3，H_2CO_3 与水泥初始水化析出的 $Ca(OH)_2$ 反应生成絮状 $CaCO_3$ 晶体胶凝附着在水泥颗粒表面

[如图 7-18（a）所示]。随着 CO_2 吸收量增加，水泥颗粒表面 $CaCO_3$ 胶凝层厚度增大，水泥浆体逐渐稠化，流动性随之降低。

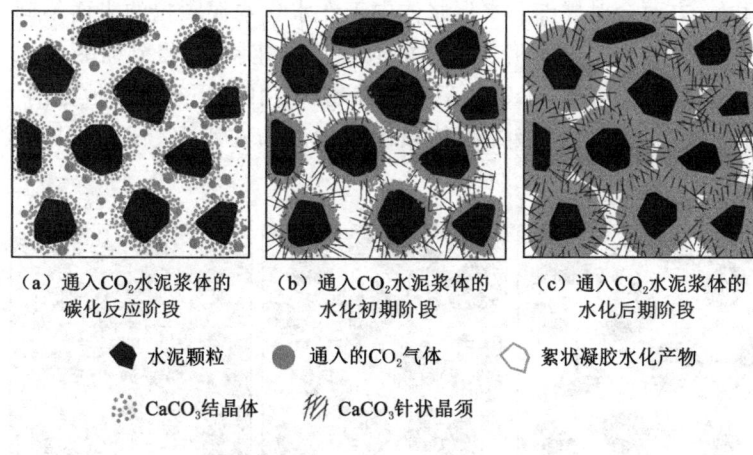

（a）通入 CO_2 水泥浆体的　　（b）通入 CO_2 水泥浆体的　　（c）通入 CO_2 水泥浆体的
　　　碳化反应阶段　　　　　　　　　水化初期阶段　　　　　　　　水化后期阶段

◆ 水泥颗粒　　　● 通入的 CO_2 气体　　　◇ 絮状凝胶水化产物

CaCO₃ 结晶体　　　CaCO₃ 针状晶须

图 7-18　机械搅拌通入 CO_2 新拌水泥浆体的水化机理

水泥颗粒表面 $CaCO_3$ 胶凝层结构疏松，随后逐渐开始水化，其水化产物 C-S-H 凝胶和 $CaCO_3$ 凝胶在水泥颗粒表面复合形成胶凝层，部分絮状 $CaCO_3$ 凝胶结晶呈针条状的晶须穿插于 C-S-H 凝胶和 $CaCO_3$ 絮状凝胶中形成晶须骨架网络[如图 7-18（b）所示]。

到了水泥水化后期，水泥颗粒表面水化产物大幅增加，包裹层加厚，同时 $CaCO_3$ 晶体也被包裹在水化产物中，而 $CaCO_3$ 针状晶须仍存在于浆体中，形成有效的网状结构[如图 7-18（c）所示]，提高了水泥颗粒间的胶凝性。

7.6.2　超声搅拌水泥浆体的水化机理

超声搅拌作用下吸收 CO_2 的水泥浆体的水化过程如图 7-19 所示。在超声振动下通入 CO_2 气体，CO_2 与初始水化析出的

$Ca(OH)_2$反应生成絮状 $CaCO_3$ 晶体,由于超声波产生的"空化"效应,可以有效冲击固状体表面。同时,由于超声"空化"辅助作用,一方面会对周围和水泥浆体中正在水化水泥颗粒的表面不间断破坏,导致其表面正在生成的胶凝体迅速剥落,得到崭新的水泥颗粒;另一方面,$CaCO_3$絮凝体在超声波作用下被有效地分割,产生大量的"纳米"级的晶体被均匀地分布在水泥颗粒之间,如图 7-19(a)所示。

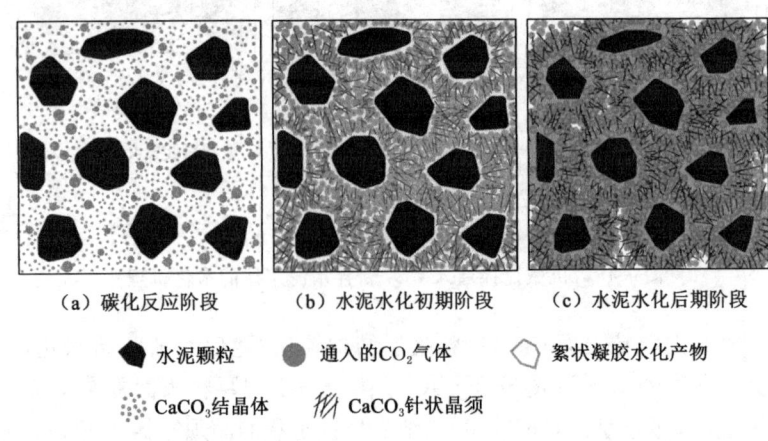

（a）碳化反应阶段 　　（b）水泥水化初期阶段 　　（c）水泥水化后期阶段

⬢ 水泥颗粒　　● 通入的CO_2气体　　⬠ 絮状凝胶水化产物

CaCO₃结晶体　　CaCO₃针状晶须

图 7-19　超声搅拌通过 CO_2 新拌水泥浆体的水化机理

在 CO_2 反应初期水泥颗粒表面 $CaCO_3$ 胶凝层结构较为松散,当 CO_2 气体被完全消耗后,水泥颗粒逐渐开始水化,水化产物不断生成,其中包括纳米级的 $CaCO_3$ 晶体,以及一定量的$CaCO_3$晶须。由于超声振动的"空化"效应,纳米级的 $CaCO_3$ 晶体无法在水泥颗粒周围附着。与此同时,水泥与水化反应生成的产物,其表面带有电荷(正或负电荷),再加上晶核本身自带的吸附能力,使得一部分水化产物附着于纳米级 $CaCO_3$ 晶体表面,而这些纳米级 $CaCO_3$ 絮凝体被有效地填充在水泥水泥颗粒之间。同时

$CaCO_3$ 晶须则依存于絮凝体内,并形成密集交错的网状结构[如图 7-19(b)所示]。

到了水泥水化后期,水泥和水化学反应生成物继续增多,使颗粒表面被这些包裹层不断堆积。此时,纳米级 $CaCO_3$ 晶体也被不断生成的水泥水化产物包裹,在这些纳米级的 $CaCO_3$ 晶体的作用下,水泥颗粒之间絮凝体也显得更加紧密,而另一部分的 $CaCO_3$ 针状晶须交织于水泥颗粒之间,使得整个水泥水化微观结构看起来比机械搅拌胶结性能更好也更加密实[如图 7-19(c)所示]。

7.7 本章小结

(1) 超声波"空化"效应可以有效提高水泥浆体对 CO_2 的吸收速率和极限吸收量,超声波频率较低时,"空化"效应越好,考察了 40 kHz、28 kHz 和 20 kHz 三种超声频率,当超声频率在 20 kHz时,CO_2 的吸收速率和极限吸收量为最大。

(2) 超声振动搅拌下的水泥净浆流动度比机械搅拌下的流动度有了显著的提升。且随着 CO_2 吸收量的增加,水泥浆体稠化速度也随之加快,浆体的扩展度会不断减小。

(3) 超声振动搅拌可以显著提升新拌浆体中水泥颗粒均匀分布程度,从而有效提高水泥基材料的抗压强度,而对于抗折强度影响并不明显。

(4) 超声振动搅拌成型可以有效减少碳化水泥石的孔隙率和孔径尺寸,使水泥石的孔隙分布更加均匀,碳化水泥石的密实程度大幅提升。此外,超声搅拌的水泥浆体硬化初期,孔洞孔径和数量相对减少,从而可以更好地改善和强化水泥的内部孔隙结构,提高水泥基材料的耐久性能。

8 吸收 CO_2 水泥浆体流变性能研究

　　新拌水泥浆体是一种多尺度的悬浮胶凝体系,水泥浆体中通入 CO_2 将发生一系列化学反应,改变新拌浆体的结构特性,对新拌浆体工作性能产生影响。运用流变学原理对新拌浆体工作性能进行研究,能够深入剖析超声振动和外加剂对吸收 CO_2 水泥浆体流变性能的影响机理。

　　本章测试悬浮液剪切应力及塑性黏度等流变参数,并建立适用于超声振动下吸收 CO_2 水泥浆体的流变模型,研究超声振动和加入不同种类高效减水剂对水泥浆体流变性能的影响规律。同时对新拌水泥浆体初凝时间进行测试,进一步验证减水剂对新拌浆体流变性能的影响。最后通过 SEM 研究加入减水剂的水泥浆体的微结构特征,揭示在超声振动下吸收 CO_2 水泥浆体流变性能作用机理,建立减水剂作用下吸收 CO_2 水泥浆体的流动模型;构建分子尺度下吸入 CO_2 水泥浆体 C-S-H 凝胶结构模型,分析在 C-S-H 凝胶内加入 CO_2 和 CO_2^+ 后 C-S-H 凝胶结构内分子间斥力变化,以及 CO_2 和减水剂分子结构内粒子之间的斥力变化,通过 C-S-H 凝胶分散效果,分析浆体流动性能的作用机理。

8.1 流变基本理论

　　国内外学者研究水泥浆体常用的流变学模型有 Bingham 模型、Herschel-Bulkley(H-B)模型。本书采用 Brookfield 公司的

RS-SST 型流变仪测试得到不同组成参数水泥基材料的稳态流变曲线,然后分别采用 Bingham 模型、Modified Bingham(M-B)模型和 H-B 模型对流变曲线进行拟合,得到基于不同流变模型下的流变学参数,并对以上相应流变参数和流变特性进行比较分析。以下是针对这三种常用基本流变模型的简介:

(1) Bingham 模型

Bingham 模型是水泥基材料中比较常用的流变模型,如果流体所承受的外力小于屈服应力时,会进行塑性流动;反之,则进行黏性流动。

表达公式为:

$$\tau = \tau_0 + \eta\gamma \tag{8-1}$$

式中　τ——剪切应力;

　　　τ_0——屈服应力;

　　　η——黏度;

　　　γ——剪切速率。

(2) Modified Bingham(M-B)模型

该流体模型是在 Bingham 模型的基础上修正改进而得到的一种流变模型。Bingham 模型是理想型模型,而 M-B 模型能够较精确地表征水泥基材料流变性。表达公式为:

$$\tau = \tau_0 + \eta\gamma + c\gamma^2 \tag{8-2}$$

式中　c——修正系数。

其他参数含义同式(8-1)。

(3) Herschel-Bulkley(H-B)模型

H-B 模型由于其广泛的适用性,常被用来描述新拌混凝土、泥浆、含颗粒悬浮液等材料。与 Bingham 模型相比,H-B 模型精度更高。H-B 模型的流体塑性黏度主要受剪切应力影响,主要反映在幂指数 n 的变化上。当 $n < 1$ 时,塑性黏度越大,剪切应力越小,会产生剪切稀化;$n = 1$ 时,为 Bingham 流体;$n > 1$ 时,如果剪切速率处于低位,剪切应力越大,则流体黏度越低,此时会发生剪切稀释;如果剪切速率处于高位时,剪切应力越大流体黏度越强,此时则会出现剪切增稠现象。其表达公式为:

$$\tau = \tau_0 + K\gamma^n \tag{8-3}$$

式中　K——与屈服应力有关的常数;

　　　n——剪变率指数。

其他参数含义同式(8-1)。

根据以上这三种水泥基材料流变性能的基本特征,绘制化本构曲线见图8-1所示。

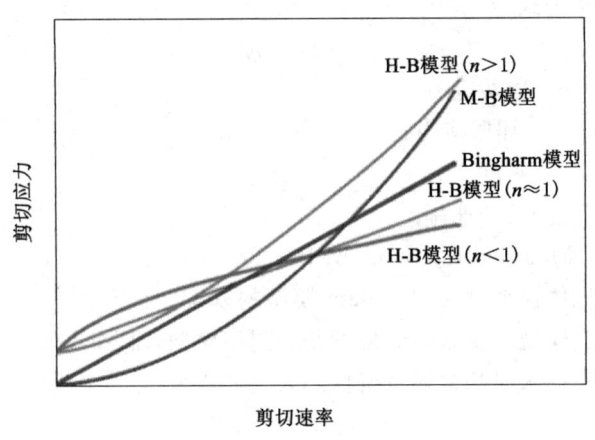

图 8-1　三种流变模型本构曲线

8.2　试验材料与设备

(1)原材料

本节所用到的原材料主要有 P. O 42.5 水泥、水、CO_2、聚羧酸减水剂和脂肪族减水剂。减水剂用量为水泥质量的 0.25%。

材料的具体性能见 3.1 节,此处不再重复介绍。

（2）试验设备

使用 Brookfield 公司的 RS-SST 型流变仪测量新拌浆体的流变性,测试用 VT-60-30 浆式转子。ISO 水泥净浆标准稠度及凝结时间测试使用的是沧州科兴仪器有限公司生产的测试仪,其试锥移动最大行程 70 mm,调度试杆直径 10 mm±0.05 mm,试针直径 1.13 mm±0.05 mm。

（3）水泥净浆试样的制备

所用水泥净浆试样的水灰比为 0.5,水泥用量为 800 g,水为 400 g,将配比好的水泥和水倒入搅拌桶内进行搅拌,并开启 CO_2 气罐阀门,往桶中注入相应质量的 CO_2 气体,待 CO_2 被浆体完全吸收后继续慢速搅拌 2 min,中间暂停 15 s,再快速搅拌 1 min 45 s。

（4）水泥净浆流变性能的测试

改变流变仪的剪切速率,测试吸收不同 CO_2 浆体的剪切应力和表观黏度。详细测试过程如图 8-2 所示。首先在预剪切阶段,

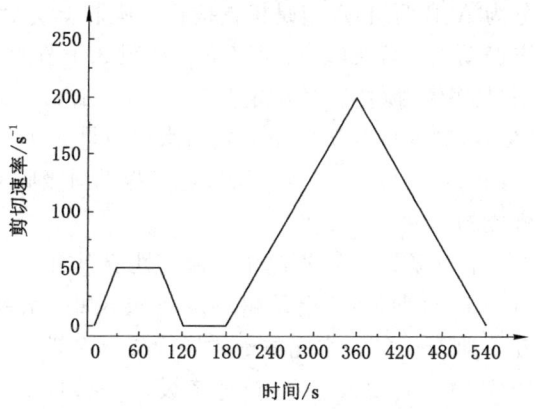

图 8-2　流变测试程序

时间在 $0\sim30$ s 时,剪切速率从 0 线性增长到 50 s^{-1},接下来剪切速率不变($30\sim90$ s),时间在 $90\sim120$ s 时,剪切速率线性下降至 0,此时,预剪切阶段结束。之后,再静置 60 s(即 $120\sim180$ s)。在测试阶段的前半段($180\sim360$ s),剪切速率从 0 线性增长到最大值 200 s^{-1},随后,在后半段,剪切速率从 200 s^{-1} 迅速降至 0。整个过程中采集的数据点为每隔 1 s 取 1 个点。

由于剪切速率从高向低转变时,非牛顿流体应力所达到的稳定状态比较短,从而所测得的剪切应力曲线也就更加稳定,也就意味着测试结果可以更好地体现出浆体本身所具有的流变性能。基于此,本书选取了剪切速率下行段曲线的变化为研究对象进行分析。本研究利用 Origin 软件对得到的数据进行分析,进而得到流变方程及相应的流变参数。

8.3 试验内容及方法

(1) 超声振动对吸收 CO_2 水泥净浆流变性能影响

试验分为 A、B 两组:A 组是机械搅拌下吸收 CO_2 水泥浆体,B 组是超声振动下吸收 CO_2 水泥浆体。按照 3.1 节的方法制备吸收 CO_2 水泥浆体,搅拌速率设定为(210 ± 5) r/min,超声频率设定为 20 kHz,对应 CO_2 吸收量分别为水泥质量的 0%、0.44%、0.88%、1.32%、1.76%、2.20%。研究超声振动对吸收 CO_2 水泥净浆流变性能的影响。

(2) 减水剂对吸收 CO_2 水泥浆体流变性能影响

试验分为 C、D 两组:C 组是超声振动下不加减水剂组;D 组是超声振动下加入 0.25% 水泥质量的聚羧酸减水剂组(减水剂在水泥净浆吸收 CO_2 后加入)。搅拌速率设定为(210 ± 5) r/min,超声频率设定为 20 kHz,对应 CO_2 吸收量分别为水泥质量的 0%、0.44%、0.88%、1.32%、1.76%、2.20%。研究超声振动下加入聚羧酸减水剂对浆体流变性能的影响。

(3) 超声振动对吸收 CO_2 水泥浆体初凝时间的影响

试验采用的是 C 组和 D 组水泥浆。将拌制完的浆体装入圆模,不断振动再刮平,随后放入养护箱中养护,养护时间为 30 min。之后取出圆模,再将其放到试针下,使试针和浆体表面处于接触状态,拧紧螺栓后立即放松螺栓,此时试针会缓慢进入净浆中,最后读取指针数值。研究超声振动对吸收 CO_2 水泥浆体初凝时间的影响。初凝时间的测试采用《水泥标准稠度用水量、凝结时间、安定性检测方法》(GB/T 1346—2011)。

(4) 水泥浆体吸收 CO_2 析出产物的形貌特征

试验采用 D 组中未吸收 CO_2 和吸收 1.76% CO_2 的浆体试样。利用扫描电镜进行 SEM 分析。SEM 扫描电镜选用 FEI Quanta 250 型扫描电子显微镜。

8.4 试验结果和分析

8.4.1 吸收 CO_2 水泥浆体的流变曲线

(1) 机械搅拌

机械搅拌吸收 CO_2 的水泥浆体的流变曲线如图 8-3 所示,各组水泥净浆的剪切应力值汇总见表 8-1。

通过图 8-3 和表 8-1 可以看出,机械搅拌下纯水泥浆体的初始剪切应力为 7.56 Pa;当剪切速率小于 120 s^{-1} 时,随着剪切速率的增加,剪切应力呈缓慢上升趋势;当剪切速率大于 120 s^{-1} 时,剪切应力上升加快,近乎呈直线上升趋势。当 CO_2 吸收量在 0.44% 时,浆体发生增稠现象,初始剪切应力提高到 17.5 Pa,随着剪切速率的增加,剪切应力也呈缓慢上升趋势,但增长的速率有所减缓。当 CO_2 吸收量在 0.88% 时,初始剪切应力进一步增加到 25.1 Pa,曲线变化趋势和 0.44%时十分相似。当 CO_2 吸收量提升到 1.32%时,剪切阻力继续增加,初始剪切应力增加到 29.6 Pa,此时流变曲线上升较为平缓。当 CO_2 吸收量在 1.76%时,增稠现象更加明显,初始剪切应力一下提升到 46.5 Pa,其曲线变化趋势与 CO_2 吸收量在 1.32%时相似。当 CO_2 吸收量在 2.20%时,剪切增稠现象更加明显,初始剪切应力达到 77.6 Pa,流变曲线呈缓慢上抛趋势。

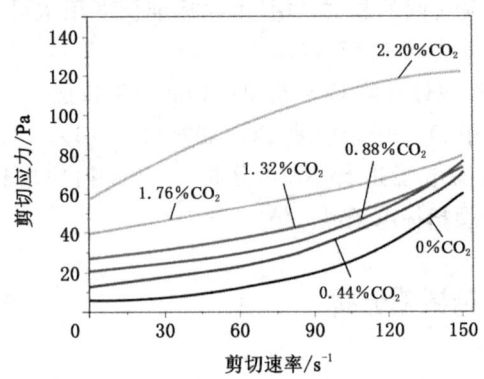

图 8-3　吸收 CO_2 的水泥浆体的流变曲线(机械搅拌)

表 8-1　机械搅拌吸收 CO_2 水泥净浆的剪切应力值　单位:Pa

CO_2 吸收量/%	剪切速率/s^{-1}				
	30	60	90	120	150
0	7.56	12.3	20.1	34.5	60.1
0.44	17.5	22.5	32.5	48.5	74.3
0.88	25.1	30.1	38.2	55.3	77.5
1.32	29.6	35.2	45.1	57.1	74.2
1.76	46.5	53.6	60.2	68.2	80.1
2.20	77.6	94.1	107.5	117.5	123.3

（2）超声振动搅拌

超声振动下吸收 CO_2 的水泥浆体的流变曲线如图 8-4 所示，各组水泥净浆的剪切应力值汇总见表 8-2。

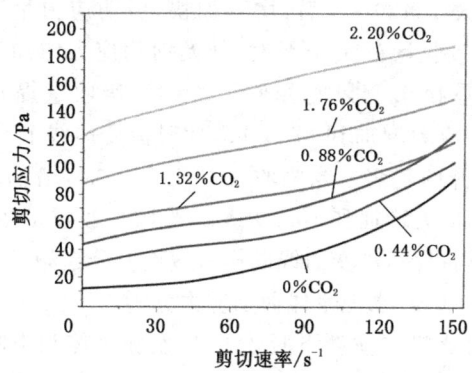

图 8-4　吸收 CO_2 的水泥浆体的流变曲线（超声振动）

表 8-2　超声振动吸收 CO_2 水泥净浆的剪切应力值　　单位：Pa

CO_2 吸收量/%	剪切速率/s^{-1}				
	30	60	90	120	150
0	12.8	22.5	37.5	57.2	91.8
0.44	40.2	46.2	55.0	77.2	103.2
0.88	55.1	62.5	74.0	92.5	124.5
1.32	69.1	77.2	85.0	97.4	119.6
1.76	105.0	111.5	122.1	135.2	150.0
2.20	140.4	154.5	167.5	177.5	187.4

通过图 8-4 和表 8-2 可以看出，超声振动下纯水泥浆体初始剪切应力为 12.8 Pa；当剪切速率在 0~90 s^{-1} 时，剪切应力呈缓慢

上升趋势；当剪切速率大于 90 s^{-1} 后，剪切应力呈直线上升趋势。当浆体吸收 CO_2 0.44％时，初始剪切应力提高到 40.2 Pa，浆体增稠明显；当剪切速率在 0~120 s^{-1} 时，剪切应力呈缓慢上升趋势；当剪切速率大于 120 s^{-1} 后，增稠加快，剪切应力呈直线上升趋势。当 CO_2 吸收量在 0.88％时，初始剪切应力增加到 55.1 Pa，曲线变化趋势和 0.44％时相似。当 CO_2 吸收量提升到 1.32％时，初始剪切应力增加到 69.1 Pa，此时流变曲线上升较为平缓，没有明显提升的趋势。当吸收量在 1.76％时，增稠现象更加显著，初始剪切应力增加到 105.0 Pa。当 CO_2 吸收量在 2.20％时，剪切增稠继续提高，流变曲线同样呈缓慢上升趋势。

（3）吸收 CO_2 水泥浆体剪切应力分析

首先，对比机械搅拌下吸收 CO_2 水泥浆体和未吸收 CO_2 水泥浆体的剪切应力，当 CO_2 吸收量在 0.44％时，剪切速率分别在 30 s^{-1}、60 s^{-1}、90 s^{-1}、120 s^{-1}、150 s^{-1} 时，剪切增稠明显，剪切应力比未吸收 CO_2 水泥浆体依次增加 131.5％、82.9％、61.7％、40.6％、23.6％。并且，随着浆体吸收 CO_2 的量增加，水泥浆体剪切增稠越加明显，剪切应力不断提高。

其次，与机械搅拌对比，在剪切速率分别为 30 s^{-1}、60 s^{-1}、90 s^{-1}、120 s^{-1}、150 s^{-1} 时，超声振动下纯水泥浆体剪切应力比机械搅拌依次增加 69.3％、82.9％、86.6％、65.8％、52.7％；当超声振动下浆体吸收 CO_2 0.44％时，剪切应力依次增加 129.7％、105.3％、69.2％、59.2％、38.9％；当 CO_2 吸收量为 0.88％时，剪切应力依次增加 119.5％、107.6％、93.7％、67.2％、60.6％；CO_2 吸收量进一步增加到 1.32％时，剪切应力依次增加 133.4％、119.3％、88.5％、70.6％、61.2％；当 CO_2 吸收量继续增加到 1.76％时，剪切应力依次增加 125.8％、108.0％、102.8％、98.2％、87.3％；最终当 CO_2 吸收量提高到 2.20％时，剪切应力依次增加 80.9％、64.2％、55.8％、51.6％、52.0％。

通过以上对比得出,机械搅拌下吸收 CO_2 的水泥浆体比未吸收 CO_2 水泥浆体的剪切应力提高明显;同时,超声振动下吸收 CO_2 水泥浆体的剪切应力高于机械搅拌,说明超声振动可以有效提高碳化水泥浆体的剪切应力。此外,对比图 8-3 和图 8-4 流变曲线可以看出,机械搅拌和超声振动下吸收 CO_2 水泥浆体,各流变曲线总体趋势都是随着 CO_2 吸收量和剪切速率增加其剪切应力增加,曲线有的呈缓慢上升趋势,有的到了一定剪切速率又呈现直线上升趋势,两者虽有相似之处,但曲线变化有所不同。

8.4.2 吸收 CO_2 水泥浆体流变曲线拟合

准确的流变模型是评估浆体流变特性的前提。通过对吸收 CO_2 的水泥浆体的流变曲线与图 8-1 几种流变模型曲线进行对比研究,从而确定吸收 CO_2 水泥浆体流变模型。

(1) 机械搅拌吸收 CO_2 水泥浆体流变曲线拟合

从图 8-3 中看出,机械搅拌下,剪切速率越大,剪切应力就越大,流变曲线呈现出三种上升的形态。结合图 8-1,发现机械搅拌下吸收 CO_2 水泥浆体流变曲线的变化规律接近 H-B 模型,因此,对机械搅拌,本书采用 H-B 模型进行拟合。

通过 H-B 流变模型拟合机械搅拌下吸收 CO_2 水泥浆体流变的各项参数,结果如图 8-5 所示。通过拟合的数据(表 8-3)可以很明确地看出,参数中的幂指数(n)满足于(H-B)流变模型 $n \leq 1$ 和 $n > 1$:CO_2 吸收量为 0.44% 和 0.88% 时接近 H-B 模型(幂指数 $n > 1$),CO_2 吸收量为 1.32% 和 1.76% 时接近 H-B 模型(幂指数 $n = 1$),而 CO_2 吸收量为 2.20% 时则符合 H-B 模型(幂指数 $n < 1$);其中系数 R^2 均接近 1,表明拟合度高。由此说明机械搅拌吸收 CO_2 水泥浆体流变符合 H-B 流变模型的特征。

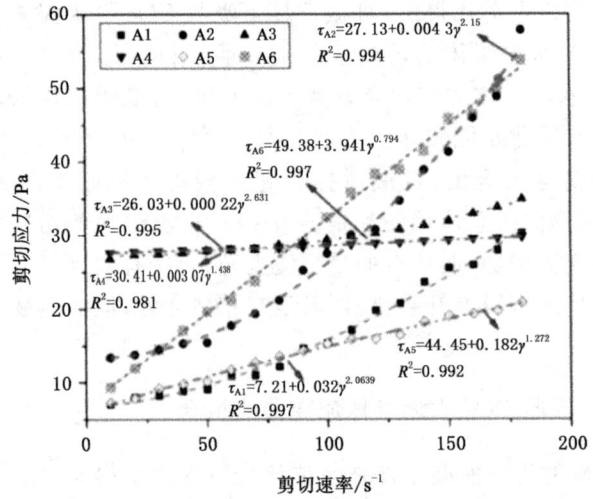

图 8-5 机械搅拌下吸收 CO_2 水泥浆体流变曲线拟合特征

(注:图中 A1～A6 分别代表水泥浆体依次吸收 CO_2 量为 0%、0.44%、0.88%、1.32%、1.76%和 2.20%时的流变特征曲线)

表 8-3 机械搅拌吸收 CO_2 水泥浆体流变曲线拟合参数

编号	CO_2 吸收量/%	τ_0/Pa	K	n	R^2
A1	0	7.21	0.003 2	2.063 9($n>1$)	0.997
A2	0.44	21.13	0.004 3	2.156 3($n>1$)	0.994
A3	0.88	26.03	0.000 22	2.631($n>1$)	0.995
A4	1.32	30.41	0.003 07	1.438($n\approx1$)	0.981
A5	1.76	44.45	0.182	1.272($n\approx1$)	0.992
A6	2.20	49.38	3.941	0.794($n<1$)	0.997

(2) 超声振动下吸收 CO_2 水泥浆体流变曲线拟合

本书分别基于 Bingham 模型、M-B 模型和 H-B 模型对超声振动下吸收 CO_2 水泥浆体流变特征进行拟合,结果见图 8-6 和

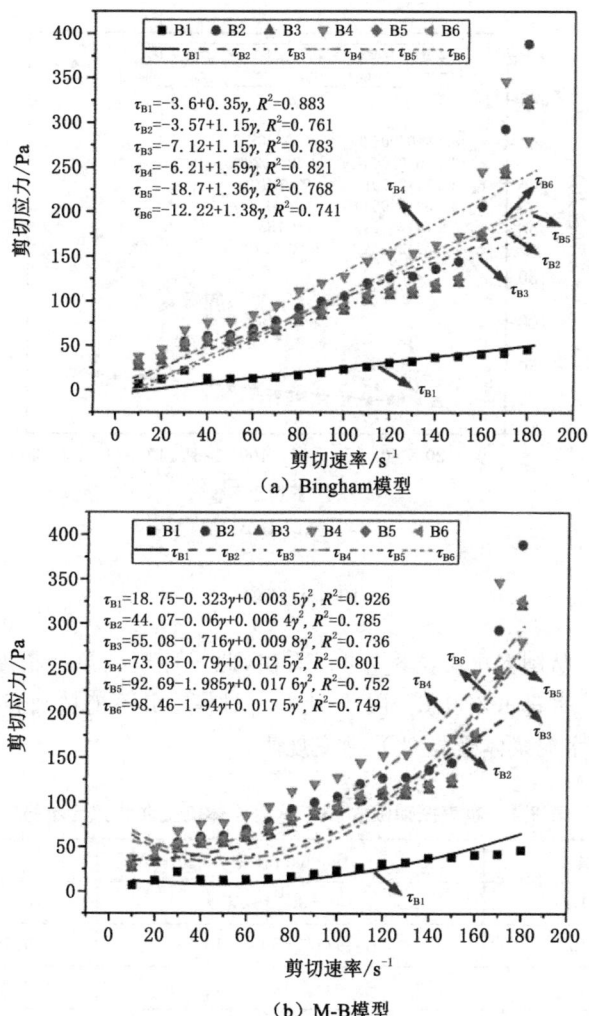

图 8-6　超声振动吸收 CO₂ 水泥浆体流变曲线拟合特征

(注:图中 B1～B6 分别代表水泥浆体依次吸收 CO₂ 量为 0%、0.44%、0.88%、
1.32%、1.76%和 2.20%时的流变特征曲线)

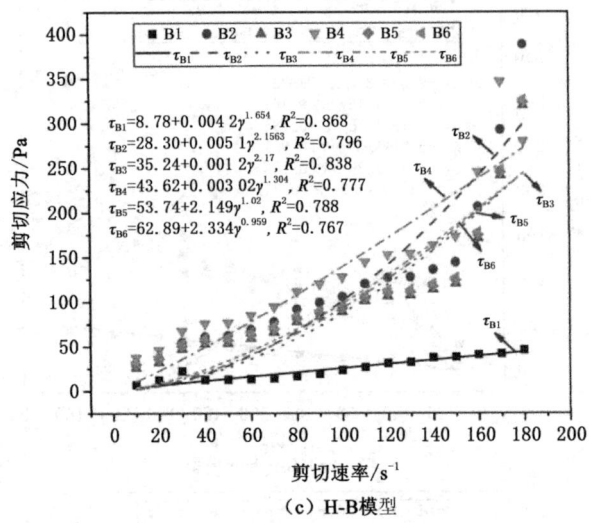

（c）H-B模型

图 8-6 （续）

表 8-4。从图 8-6 及表 8-4 可以看出，此三种模型拟合精度较低，系数 R^2 大都低于 0.8。因此，上述三种模型并不能精确表征超声状态下水泥浆体吸收 CO_2 流变规律。

表 8-4　超声振动吸收 CO_2 水泥浆体流变曲线拟合参数

编号	Bingham 模型	R^2
B1	$\tau_{B1} = -3.6 + 0.35\gamma$	0.883
B2	$\tau_{B2} = -3.57 + 1.15\gamma$	0.761
B3	$\tau_{B3} = -7.12 + 1.15\gamma$	0.783
B4	$\tau_{B4} = -6.21 + 1.59\gamma$	0.812
B5	$\tau_{B5} = -18.7 + 1.36\gamma$	0.768
B6	$\tau_{B6} = -12.22 + 1.38\gamma$	0.741

表 8-4(续)

编号	M-B 模型	R^2
B1	$\tau_{B1}=18.75-0.323\gamma+0.003\,5\gamma^2$	0.926
B2	$\tau_{B2}=44.07-0.06\gamma+0.006\,4\gamma^2$	0.785
B3	$\tau_{B3}=55.08-0.716\gamma+0.009\,8\gamma^2$	0.736
B4	$\tau_{B4}=73.03-0.79\gamma+0.012\,5\gamma^2$	0.801
B5	$\tau_{B5}=92.69-1.985\gamma+0.017\,6\gamma^2$	0.752
B6	$\tau_{B6}=98.46-1.94\gamma+0.017\,5\gamma^2$	0.749

编号	H-B 模型	R^2
B1	$\tau_{B2}=8.78+0.004\,2\gamma^{1.654}$	0.868
B2	$\tau_{B2}=28.30+0.005\,1\gamma^{2.156\,3}$	0.796
B3	$\tau_{B3}=35.24+0.001\,2\gamma^{2.17}$	0.838
B4	$\tau_{B4}=43.62+0.003\,02\gamma^{1.304}$	0.777
B5	$\tau_{B5}=53.74+2.149\gamma^{1.02}$	0.788
B6	$\tau_{B6}=62.89+2.334\gamma^{0.959}$	0.767

8.4.3　吸收 CO_2 水泥浆体超声流变模型建立

（1）吸收 CO_2 水泥浆体超声流变模型

由上述分析可知,相比于机械搅拌,超声振动下吸收 CO_2 水泥浆体流变曲线均不完全符合传统的 Bingham 模型、M-B 模型和 H-B 模型,但从拟合判断系数 R^2 上看,并未完全脱离流变模型基本特征,只是拟合精度大大降低。原因在于上述模型是一种理想模型,并不能表征实际超声特性。基于此,结合以上三种模型特征优势,本书提出一种适用于超声振动下吸收 CO_2 水泥基材料的实际流变曲线模型,即吸收 CO_2 水泥浆体超声流变模型。以下为公式:

$$\tau = \tau_0 + \varepsilon\gamma + \eta\gamma^2 + \xi\gamma^3 + \zeta\gamma^4 \tag{8-4}$$

式中　τ——剪切应力；

　　　τ_0——屈服应力；

　　　γ——剪切速率；

　　　$\varepsilon,\eta,\xi,\zeta$——常量。

（2）吸收 CO_2 水泥浆体超声流变模型应用

为了判断吸收 CO_2 水泥浆体流变模型是否适合于超声振动下吸收 CO_2 水泥基材料实际的流变曲线模型,本书对超声振动下吸收不同量 CO_2 的流变数据进行重新拟合,如图 8-7 及表 8-5 所示。从图 8-7 及表 8-5 可以看出,各曲线系数 R^2 均在 0.9 以上,说明能够很好地达到拟合度要求,由此证明该模型更适合于超声振动下水泥基材料吸收 CO_2 实际的流变特征。

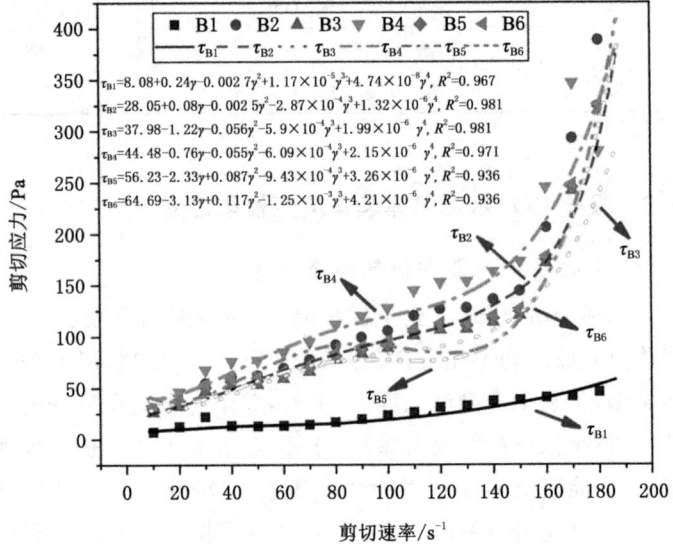

图 8-7　超声振动下吸收 CO_2 的水泥浆体流变曲线新拟合参数

表 8-5　超声振动下吸收 CO_2 水泥浆体流变曲线拟合参数

编号	CO_2 吸收量/%	τ_0/Pa	ε	η	ξ	ζ	R^2
B1	0	8.08	0.24	-0.0027	1.17×10^{-5}	4.74×10^{-8}	0.967
B2	0.44	28.05	0.08	-0.0025	-2.87×10^{-4}	1.32×10^{-6}	0.981
B3	0.88	37.98	-1.22	-0.0560	-5.9×10^{-4}	1.99×10^{-6}	0.981
B4	1.32	44.48	-0.76	-0.0550	-6.09×10^{-4}	2.15×10^{-6}	0.971
B5	1.76	56.23	-2.33	0.087	-9.43×10^{-4}	3.26×10^{-6}	0.936
B6	2.20	64.69	-3.13	0.117	-1.25×10^{-3}	4.21×10^{-6}	0.936

8.4.4　吸收 CO_2 水泥浆体流变性能对比分析

（1）黏度对比分析

图 8-8(a)和图 8-8(b) 分别是机械搅拌和超声振动搅拌下吸收 CO_2 水泥净浆的黏度曲线。为了更加清晰看出机械搅拌和超声振动搅拌下吸收 CO_2 水泥净浆的黏度值,分别取水泥浆体剪切速率在 30 s^{-1}、60 s^{-1}、90 s^{-1}、120 s^{-1}、150 s^{-1} 时的黏度值,CO_2 吸收量分别为 0%、0.44%、0.88%、1.32%、1.76%、2.20%,结果见表 8-6 和表 8-7。

从表 8-6 和表 8-7 中可以看出,在剪切速率分别为 30 s^{-1}、60 s^{-1}、90 s^{-1}、120 s^{-1}、150 s^{-1} 时,未通入 CO_2 的水泥浆体,超声搅拌比机械搅拌水泥浆体的黏度分别增加了 96.7%、80.0%、28.1%、16.7%、41.5%;在 CO_2 吸收量为 0.44% 时,黏度值分别增加 19.6%、52.6%、28.6%、32.6%、67.3%;在 CO_2 吸收量为 0.88% 时,黏度值分别增加 103.8%、96.2%、58.8%、19.2%、15.4%;在 CO_2 吸收量为 1.32% 时,黏度值分别增加 83.3%、

83.3％、45.3％、19.4％、0％；当 CO_2 吸收量继续增加到 1.76％时，黏度值分别增加 48.0％、26.3％、16.9％、141.5％、136.5％；最后 CO_2 吸收量达到 2.20％时，黏度值分别增加 73.2％、73.5％、87.0％、63.2％、66.3％。

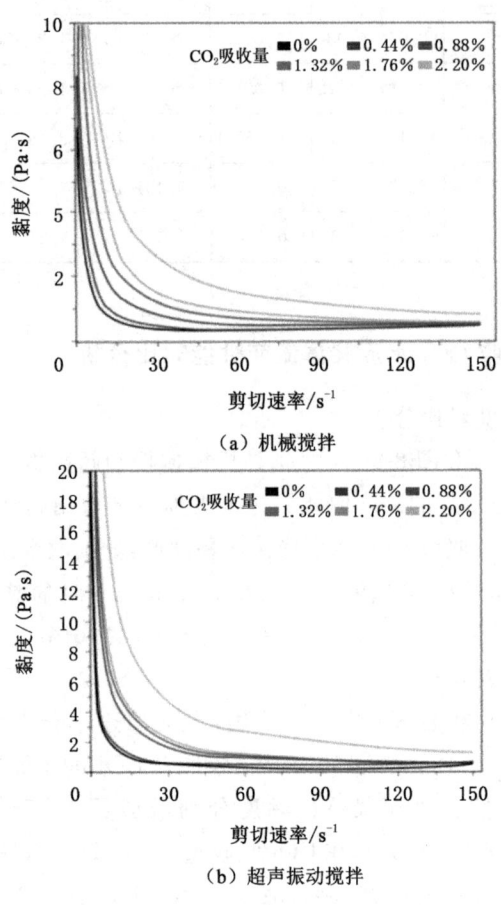

（a）机械搅拌

（b）超声振动搅拌

图 8-8　吸收 CO_2 水泥浆体的黏度曲线

表 8-6　机械搅拌吸收 CO_2 水泥净浆的黏度值　单位:Pa·s

CO_2 吸收量/%	剪切速率/s^{-1}				
	30	60	90	120	150
0	0.30	0.20	0.32	0.36	0.41
0.44	0.51	0.38	0.42	0.43	0.55
0.88	0.80	0.52	0.51	0.52	0.52
1.32	1.20	0.72	0.64	0.62	0.62
1.76	1.50	0.95	0.71	0.65	0.63
2.20	2.72	1.51	1.15	0.95	0.83

表 8-7　超声振动吸收 CO_2 水泥净浆的黏度值　单位:Pa·s

CO_2 吸收量/%	剪切速率/s^{-1}				
	30	60	90	120	150
0	0.59	0.36	0.41	0.42	0.58
0.44	0.61	0.58	0.54	0.57	0.92
0.88	1.63	1.02	0.81	0.62	0.60
1.32	2.20	1.32	0.93	0.74	0.62
1.76	2.22	1.20	0.83	1.57	1.49
2.20	4.71	2.62	2.15	1.55	1.38

　　通过两种搅拌方式的对比可知,超声振动下吸收 CO_2 的黏度值大于机械搅拌,说明超声振动可以有效地提高新拌水泥浆体的黏度。此外在两种搅拌方式下随着 CO_2 吸收量增加,水泥浆体的黏度值也在逐渐增加。当 CO_2 吸收量在 0.44% 时,随着剪切速率提高,黏度值变化幅度最小;当 CO_2 吸收量在 0.88%、1.32%、1.76% 时,其黏度变化值比较接近,但也有了一定幅度的提高;当 CO_2 吸收量在 2.20% 时,其黏度值变化最为明显。

（2）屈服应力对比分析

图 8-9 所示为通过吸收 CO_2 水泥浆体超声流变模型拟合得到的超声振动下吸收 CO_2 水泥浆体的屈服应力,机械搅拌的数据是 H-B 模型拟合得到的,作为参照。从图 8-9 中可以看出,CO_2 吸收量分别为 0%、0.44%、0.88%、1.32%、1.76%、2.20%时,超声振动水泥浆体屈服应力比对应机械搅拌分别增加 12.2%、32.7%、45.9%、46.3%、26.5%和 31.3%。此外超声振动下,随着 CO_2 吸收量增加,碳化水泥浆体的屈服应力分别增加了 247.2%、35.4%、17.1%、26.4%、15.0%。从测得的数据上看,超声振动可以有效提高碳化水泥浆体的屈服应力,并且随着碳化水泥浆体中 CO_2 吸收量的提高,其屈服应力也越大。

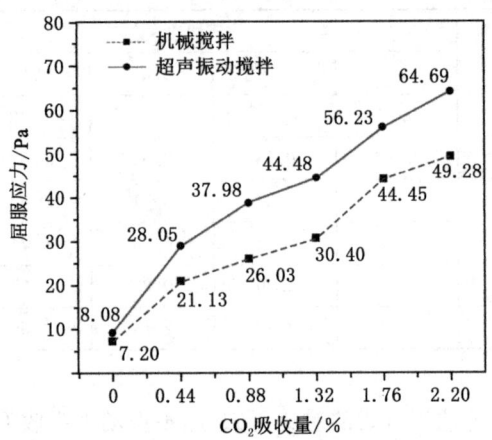

图 8-9　超声振动吸收 CO_2 水泥浆体的屈服应力

8.4.5　聚羧酸减水剂对超声振动后水泥浆体流变性能的影响

（1）剪切应力变化分析

图 8-10 所示为吸收 CO_2 新拌水泥浆体加入聚羧酸减水剂前

后的流变曲线,其中图 8-10(a)是超声振动下吸收 CO_2 水泥浆体剪切应力的变化曲线,图 8-10(b)是加入聚羧酸减水剂后剪切应力的变化曲线。将图 8-10(b)数据列于表 8-8。未加聚羧酸减水剂的剪切应力变化值可见表 8-2。

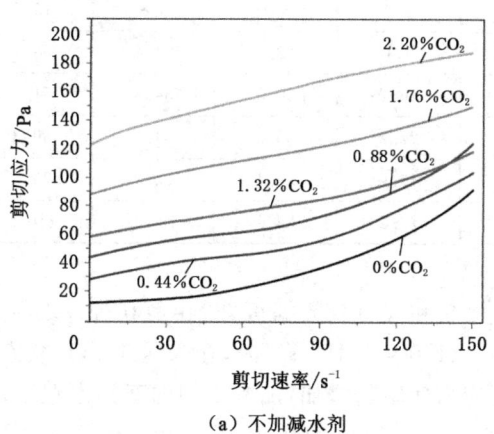

（a）不加减水剂

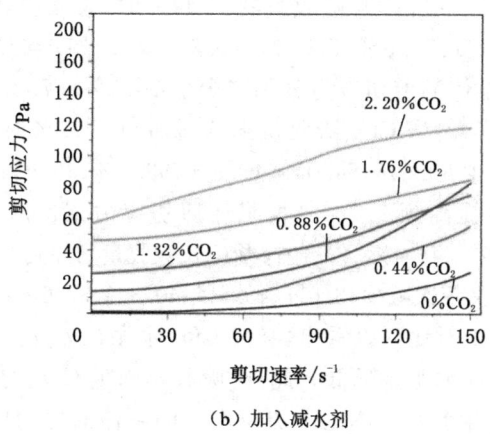

（b）加入减水剂

图 8-10　吸收 CO_2 新拌水泥浆体加入减水剂前后流变曲线

表 8-8 吸收 CO_2 水泥净浆加入聚羧酸减水剂后的剪切应力值

单位:Pa

CO_2 吸收量/%	剪切速率/s^{-1}				
	30	60	90	120	150
0	1.0	3.1	6.8	13.5	26.2
0.44	8.1	12.2	24.4	38.1	56.3
0.88	16.2	20.5	34.3	51.4	83.9
1.32	27.2	35.5	44.3	59.3	75.5
1.76	49.9	58.1	65.2	75.2	86.4
2.20	72.2	84.1	100.0	110.8	118.1

对比表 8-8 和表 8-2 数据可知,在剪切速率分别为 30 s^{-1}、60 s^{-1}、90 s^{-1}、120 s^{-1}、150 s^{-1} 时,在未通入 CO_2 状态下,随着水泥浆体剪切应力速率的增加,加减水剂的新拌水泥浆体比未加减水剂新拌浆体的剪切应力依次减少 92.2%、86.2%、81.9%、76.4%、71.5%;当 CO_2 吸收量在 0.44% 时,浆体剪切应力依次减少了 79.8%、73.6%、55.6%、50.6%、45.4%;当 CO_2 吸收量 0.88% 时,浆体的剪切应力分别减少了 70.5%、67.2%、53.6%、44.4%、32.6%;当 CO_2 吸收量继续增加到 1.32% 时,浆体剪切应力依次减少 60.6%、54.0%、47.9%、39.1%、36.9%;当 CO_2 吸收量进一步提高到 1.76% 时,浆体剪切应力依次减少 52.5%、47.9%、46.6%、44.4%、42.4%;当 CO_2 吸收量增加到 2.20% 时,浆体剪切应力又依次减少48.6%、45.5%、40.3%、37.6%、37.0%。

通过以上对比可以看出,吸收 CO_2 水泥浆体加入减水剂后,浆体的剪切应力明显降低。此外,吸收相同量 CO_2 的情况下,加减水剂的新拌水泥浆体比未加减水剂的浆体的剪切应力也明显降低。

(2)黏度曲线变化分析

图 8-11 所示为吸收 CO_2 新拌水泥浆体加入聚羧酸减水剂前后黏度曲线,其中图 8-11(a)为是超声振动下吸收 CO_2 水泥浆体黏度变化曲线,图 8-11(b)为加入聚羧酸减水剂后黏度变化曲线。将图 8-11(b)数据列于表 8-9。未加聚羧酸减水剂浆体的黏度值可见表 8-7。

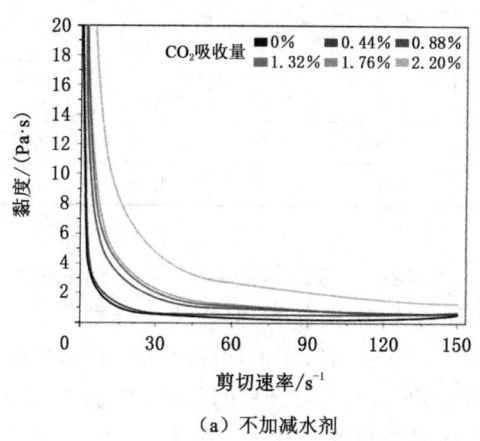

（a）不加减水剂

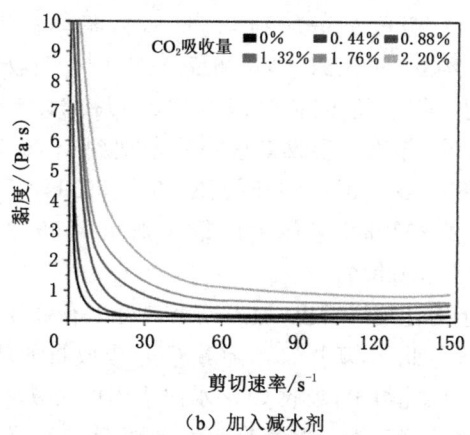

（b）加入减水剂

图 8-11　吸收 CO_2 新拌水泥浆体加入减水剂前后黏度曲线

表 8-9　吸收 CO_2 水泥净浆加入聚羧酸减水剂后的黏度值

单位:Pa·s

CO_2 吸收量/%	剪切速率/s^{-1}				
	30	60	90	120	150
0	0.15	0.16	0.17	0.16	0.19
0.44	0.19	0.12	0.13	0.14	0.2
0.88	0.36	0.2	0.26	0.3	0.38
1.32	0.85	0.47	0.44	0.49	0.55
1.76	1.31	0.68	0.63	0.6	0.61
2.20	2.11	1.12	1.06	0.88	0.9

对比表 8-9 和表 8-7 数据可知,加入聚羧酸减水剂的新拌水泥浆体,在未通入 CO_2 状态下,剪切速率分别为 30 s^{-1}、60 s^{-1}、90 s^{-1}、120 s^{-1}、150 s^{-1} 时,比未加减水剂时水泥浆体黏度依次减少 74.6%、55.6%、58.5%、61.9%、67.2%;当 CO_2 吸收量为 0.44% 时,浆体黏度依次减少 77.9%、80.4%、67.9%、51.6%、36.7%;当 CO_2 吸收量增加到 0.88% 时,浆体黏度分别减少 77.9%、80.4%、67.9%、51.6%、36.7%;当 CO_2 吸收量继续增加到 1.32% 时,浆体黏度依次减少 61.4%、64.4%、52.7%、33.8%、11.3%;当 CO_2 吸收量进一步增加到 1.76% 时,浆体黏度依次减少 86%、43.3%、26.5%、61.8%、59.1%;当 CO_2 吸收量最终达到 2.20% 时,浆体黏度依次别减少 55.2%、57.3%、50.7%、43.2%、34.8%。

通过以上对比可以看出,加入减水剂可以有效降低吸收 CO_2 水泥浆体黏度。此外,新拌浆体随着 CO_2 吸收量的增加,黏度值会有所增加。因此得出,吸收 CO_2 水泥浆体加入减水剂后可以有效提升新拌浆体流动性。但其流动性会随着 CO_2 吸收量增加有所减弱。

8.4.6　高效减水剂作用下对水泥浆体初凝时间的影响

从微观层面来看,减水剂可以有效分散水泥颗粒形成的絮凝体,从而使得分散体系的各个结构参数都发生变化,进而大大降低水泥体系的屈服应力,最后导致其流变性能发生改变,对水泥浆体的初凝时间产生影响。此外,由于减水剂会明显影响水泥体系的流变性能,而且也很难进行准确的预测,因此研究高效减水剂对吸收 CO_2 水泥浆体初凝时间的影响是十分有必要的。

超声振动下未加聚羧酸减水剂和加入聚羧酸减水剂吸收不同量 CO_2 水泥浆体水泥的初凝时间如表 8-10 所列。CO_2 吸收量分别为 0%、0.44%、0.88%、1.32%、1.76%、2.20%时,未加减水剂水泥浆体初凝时间分别为 197 min、185 min、167 min、159 min、143 min、132 min,而加入减水剂水泥浆体初凝时间分别为 248 min、234 min、209 min、206 min、184 min、161 min。从测试结果看,随着 CO_2 吸收量的增加,未加减水剂和加入减水剂的水泥浆体的初凝时间都在不断减少。

表 8-10　吸收 CO_2 水泥浆体加入和未加入减水剂的初凝时间

CO_2 吸收量/%	聚羧酸减水剂加入量/%	初凝时间/min
0	0	197
0	0.25	248
0.44	0	185
0.44	0.25	234
0.88	0	167
0.88	0.25	209
1.32	0	159
1.32	0.25	206

表 8-10(续)

CO_2 吸收量/%	聚羧酸减水剂加入量/%	初凝时间/min
1.76	0	143
1.76	0.25	184
2.20	0	132
2.20	0.25	161

为了更加清晰对比未加入减水剂和加入减水剂初凝时间,根据表 8-10 绘制了图 8-12。由图可见,当水泥浆体吸收相同量的 CO_2 时,加入减水剂比未加入减水剂的初凝时间会有所增加。在水泥浆体吸收 CO_2 为 0%、0.44%、0.88%、1.32%、1.76%、2.20% 时,加入减水剂比未加入减水剂的初凝时间分别增加了25.9%、26.5%、25.1%、29.6%、28.7%、22.0%。此外,当吸收 CO_2 水泥浆体加入减水剂,随着 CO_2 吸收量的增加,水泥浆体的初凝时间依次递减 5.6%、10.7%、1.4%、10.7%、12.5%。

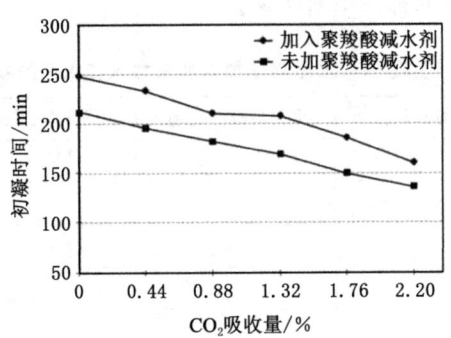

图 8-12 新拌水泥加入减水剂和未加入减水剂的初凝时间

综上所述,加入减水剂后水泥浆体的初凝时间会有所增加。此外,初凝时间与浆体吸收 CO_2 的量也有关。在同一种水灰比下,水泥浆体 CO_2 掺量越高,初凝时间也会不断减短。从而可以判断,浆体的初凝时间越短,减水剂的缓凝作用就越弱。水泥水化后会产生 $Ca(OH)_2$ 和 C-S-H 等水化产物,随着 CO_2 的通入,新物质不断生成和增加,使浆体黏度不断提高,从而造成流动性能降低。

当加入减水剂后,通入的 CO_2 和水化物 $Ca(OH)_2$ 反应生成 $CaCO_3$ 晶体,增加了水泥颗粒的水化面积,整个浆体的黏度增加,凝聚趋势显著,导致流动度迅速降低。在超声振动协助下,超声振动所产生的气泡也会进入水泥浆体中,这会导致流动度明显提升,但随着水泥浆体 CO_2 吸收量的提高,减水剂加入,反应物又不断生成,在此过程中,气泡会不断外溢,使之流动度值减小。因此,与不掺有减水剂相比,其流动度经时损失更为显著,导致水泥浆体初凝时间缩短。

8.5　减水剂作用下水泥浆体微结构分析

8.5.1　减水剂作用下水泥浆体微观结构的表征

图 8-13 是碳化水泥浆体的扫描显微镜图。图 8-13(a)和图 8-13(b)分别是加入减水剂前后碳化水泥浆体(CO_2 吸收量为 1.76%)的扫描显微镜图片(放大倍率为 500)。从图 8-13(a)中可以看出,在减水剂加入前,水泥浆体的絮凝体分布较为复杂,体积大小分布相差较大(直径在 $10\sim50~\mu m$)。

从图 8-13(b)可以看出,加入了减水剂的浆体,水泥颗粒的絮凝体分布明显比较均匀,且粒径也减小,絮凝体颗粒之间也显得更加致密。最后,从图 8-13(a)和图 8-13(b)中明显可以看出,加入减水剂后的浆体孔隙率明显降低。

图 8-13(c)和图 8-13(d)是将加入减水剂前后扫描电镜放大

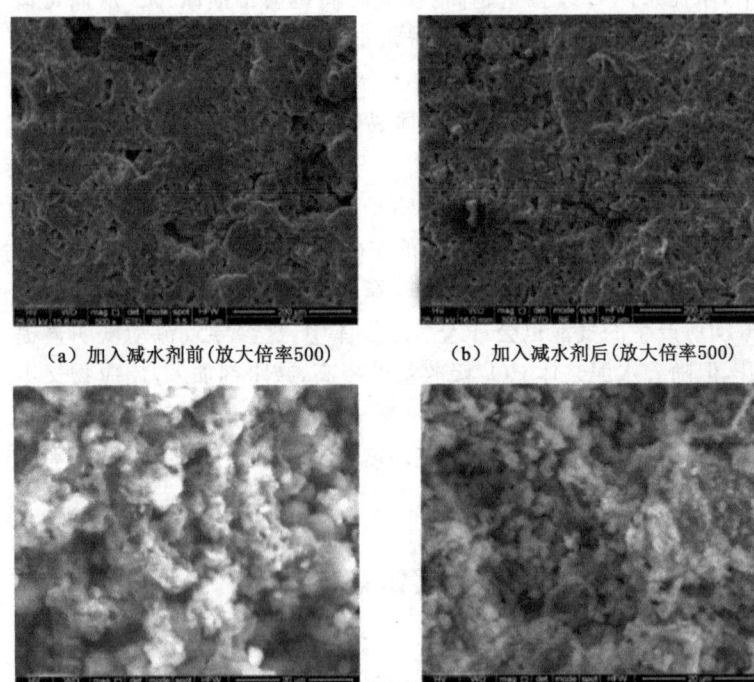

（a）加入减水剂前（放大倍率500）　　　　（b）加入减水剂后（放大倍率500）

（c）加入减水剂前（放大倍率5 000）　　　　（d）加入减水剂后（放大倍率5 000）

图 8-13　加入减水剂前后水泥浆体的 SEM 照片

倍数提高到了 5 000 倍的照片。在更大倍数下,可以更清晰地观察到更细微的水化产物结构。从图 8-13(c)中能够发现,未加入减水剂的水泥颗粒粒径分布不均匀,絮凝体呈现出大棉花状,且具有较大的孔隙率,在孔隙内部存在 C3A 水化而产生的针状 AFt 晶体,以及浆体通入 CO_2 后形成的 $CaCO_3$ 晶体。

此外,从图 8-13(d)可以看出,加入减水剂的水泥浆体水泥颗粒分布更加均匀,孔隙也较小。另外体系中主要分布的颗粒尺寸发生了变化,除了个别大的水泥颗粒外,体系中主要分布的是 $2\sim$ $4\ \mu m$ 的水泥颗粒,颗粒粒径变小,而且结构比较疏松。

结果表明,在减水剂的作用下,絮凝颗粒被有效分散,水泥浆体的流动性能也得到了提高。

8.5.2 减水剂作用下吸收 CO_2 水泥浆体流变学微观结构模型

(1) 建立流变学微观结构模型

在新拌水泥浆体中加入减水剂后的作用机理在第 3 章中已分析,结果证明:减水剂能够有效地延长水泥化学反应进程。加入减水剂,则使生成物体积、空间的分布都有所改变,进而降低水泥水化后的凝结速度。不仅如此,减水剂分子附着于颗粒表面,引起其电性变化,在"空间位阻"作用下,絮凝物被分散开,絮凝水被释放,从而自由水量增加。根据减水剂作用机理,结合以上的流变学分析,可以得出减水剂作用下流变学微观流动模型,如图 8-14 所示。

由于减水剂对水泥水化具有延缓作用,从一定程度上减缓了水泥的凝结过程,同时改变了水化产物的体积和空间分布,阻止了水泥颗粒的絮凝,使得在早期阶段水泥的流动度具有一定的保持性。根据减水剂作用机理,结合以上的流变学分析,可以得出减水剂作用下流变学微观流动模型。

(2) 减水剂作用下吸收 CO_2 水泥浆体流变学微观结构模型分析

图 8-14(a)所示为未通入 CO_2 的水泥浆体,由图可见,在超声振动下,絮凝体被均匀分散,当加入减水剂后,絮凝体内的絮凝水被释放,絮凝体被分散成多个小的水泥颗粒。图 8-14(b)~(f)所示分别是通入 0.44%、0.88%、1.32%、1.76%、$2.20\%CO_2$ 的水泥浆体,通过它们可以看出,通入 CO_2 的水泥浆体,因 CO_2 与水

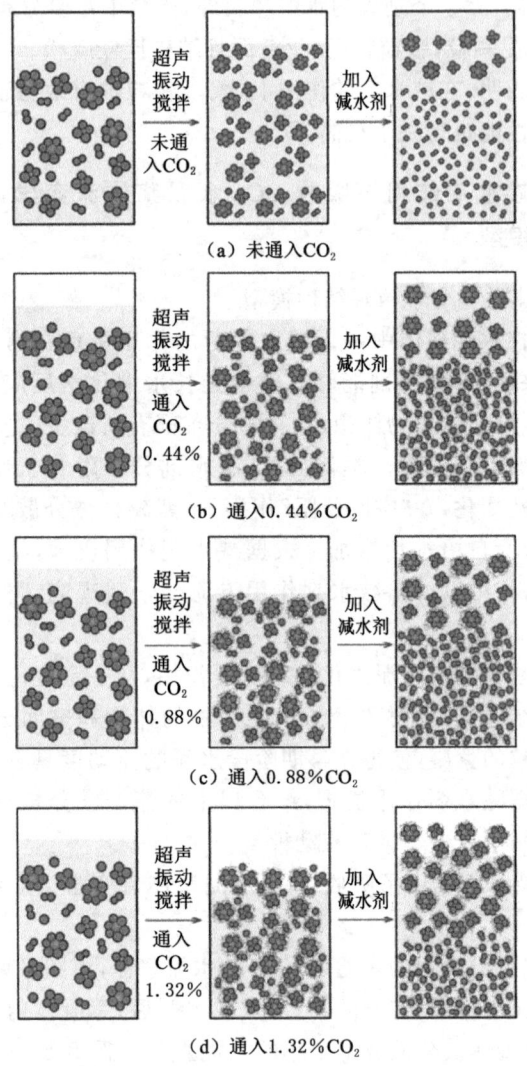

（a）未通入CO_2

（b）通入0.44%CO_2

（c）通入0.88%CO_2

（d）通入1.32%CO_2

图 8-14　减水剂作用下的水泥浆体流动学微观结构模型流动模型

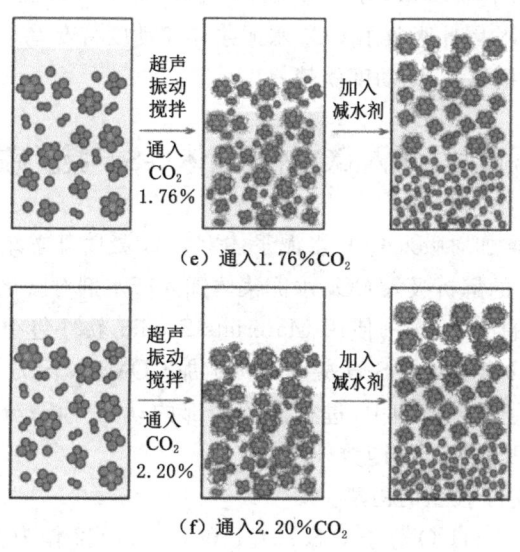

（e）通入1.76%CO_2

（f）通入2.20%CO_2

图 8-14　（续）

泥水化物反应生成 $CaCO_3$ 晶体并依附在絮凝体周围,随着新拌浆体吸收 CO_2 的增加,依附在絮凝体周围的 $CaCO_3$ 晶体也在不断增加,使新拌水泥浆体自由水不能被有效释放,导致水泥浆体的流动度开始不断降低。

（3）减水剂作用下吸收 CO_2 水泥浆体流变学微观结构模型总结

吸收 CO_2 水泥浆体加入减水剂后浆体的流动度变差,主要原因在于浆体通入更多的 CO_2 后,水泥浆体内的絮凝体和水泥颗粒表面也会增加更多的 $CaCO_3$ 晶体,包括水泥水化后生成的 AFt 晶体。当加入减水剂后,减水剂分子在进入有机矿物相后,由于过多的 $CaCO_3$ 晶体和 AFt 包裹在絮凝结构和水泥颗粒表面,使得减水剂分子不能更好地发挥作用,浆体在搅拌的过程中,只有一部分絮凝体被分散,导致絮凝水不能更好地被释放,随之自由水增量减少,因此吸收了 CO_2 水泥浆体流动度将变差。总之浆体吸收 CO_2 量越多,流动度就越差。

8.6 分子尺度下吸入 CO_2 水泥浆体 C-S-H 凝胶结构分析

为了增加对吸入 CO_2 水泥浆体 C-S-H 凝胶基本结构单元的认识,更好的解析吸入 CO_2 水泥浆体加入减水剂对碳化水泥浆体流变性能的影响,本书使用 Materials Studio 软件包中的 Amorphous Cell 模块对 C-S-H 凝胶结构施加 COMPASS 力场,通过把选取的分子放入模型中,进行分子内部的动能分析、分子内部压力分析以及径向分布函数分析。

(1) 分子模型的构建

选取 Na、H_2O 分子 C-S-H-Q1 和 C-S-H-Q2 作为基本单元,其中 C-S-H 凝胶的初始结构模型(PC)如图 8-15(a)所示。在建立的 PC 模型中放入 1 个 CO_2 分子,建立 C-S-H 凝胶通入 CO_2 的模型(PC+CO_2),如图 4-15(b)所示;在 PC+CO_2 模型中加入 1 个减水剂分子,建立 PC+CO_2+减水剂的模型(PC+CO_2+JS),如图 8-15(c)所示;在建立的 PC 模型中放入多个 CO_2 分子,建立的模型如图 4-15(d)(e)所示,再加入多个减水剂分子建立的模型如图 8-15(f)所示。根据提出的 C-S-H 凝胶的分子比例,随机将多个聚铝硅酸盐-硅氧分子、Na 离子和 H_2O 分子分配在模拟盒子中,从而形成的三维分子模型如图 8-15(g)~(i)所示。

(2) 分子内部动能及势能变化

C-S-H 凝胶结构分子内部动能及势能变化的影响规律如图 8-16所示。从图中可以看出,纯水泥(PC)、水泥中通入 CO_2(PC+CO_2)和水泥中通入 CO_2 并加入减水剂(PC+CO_2+JS)的分子结构势能和动能均呈正值,说明 NASH 凝胶结构内分子间

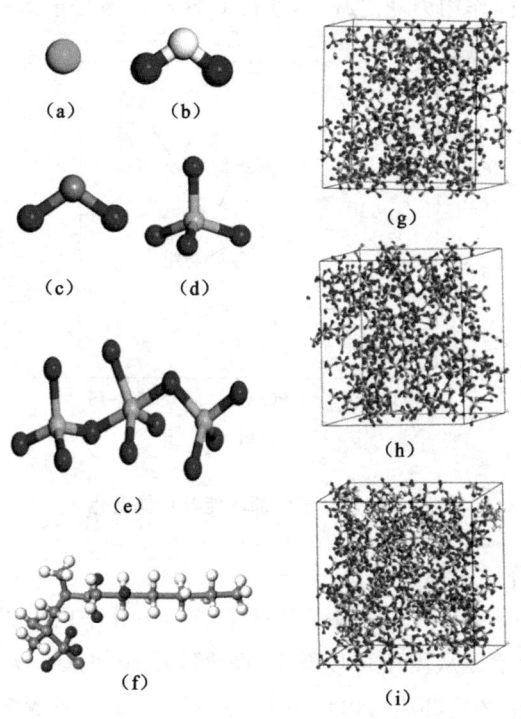

图 8-15 三维分子模型

作用力做正功,分子间作用力为斥力。PC、PC+CO_2、PC+CO_2+JS 的分子势能分别为 13 113.809 kcal/mol、13 570.697 kcal/mol 和 22 864.47 kcal/mol,这表明在 C-S-H 凝胶内加入 CO_2 和减水剂能够增加分子结构内粒子之间的斥力,使得 C-S-H 凝胶分散效果更好。

PC、PC+CO_2、PC+CO_2+JS 的分子动能分别为 1 104.896 kcal/mol、1 124.326 kcal/mol 和 1 133.174 kcal/mol,这表明在 C-S-H 凝胶内加入 CO_2 和减水剂可使结构内分子粒子振动幅度

加剧,分子间作用力随之减小,使得 C-S-H 凝胶分散效果更好。

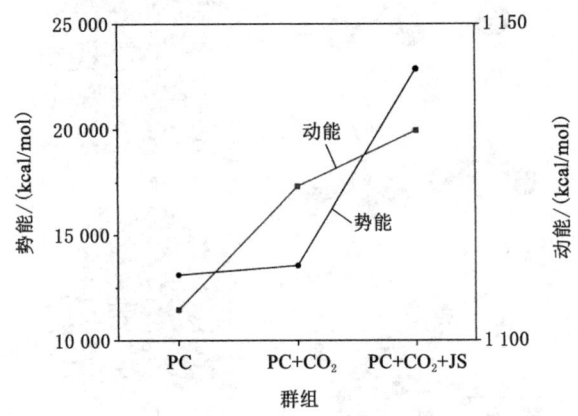

图 8-16　分子内部动能及势能变化

（3）分子内部压力

引入 CO_2 和减水剂对 C-S-H 凝胶结构分子内部压力变化如图 8-17 所示。从图中可以看出,C-S-H 凝胶加入 CO_2 和减水剂使得分子结构内部压力由正转负,这说明 C-S-H 凝胶整体由受压变为受拉。PC、PC＋CO_2、PC＋CO_2＋JS 分子内部压力分别为 0.173 GPa、－0.054 GPa、－0.031 GPa。由此可见,加入 CO_2 和减水剂可以使分子间约束力减少,增加分子间运动,从而使分子间约束力减小。

（4）径向分布函数

PC、PC＋CO_2 和 PC＋CO_2＋JS 结构内径向分布函数如图 8-18所示。当 $r>3.0$ Å 时,径向分布函数趋近于 1;当 $r<1.07$ Å 时,径向分布函数均为 0。这意味着离子间相对距离在 $1.07\sim3.0$ Å。PC、PC＋CO_2 和 PC＋CO_2＋JS,第一个最高峰半径分别为 1.71 Å,33.351 2 Å、31.154 8 Å 和22.797 8 Å。

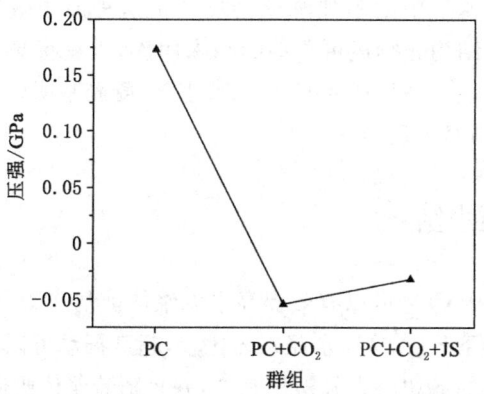

图 8-17　分子内部压力变化

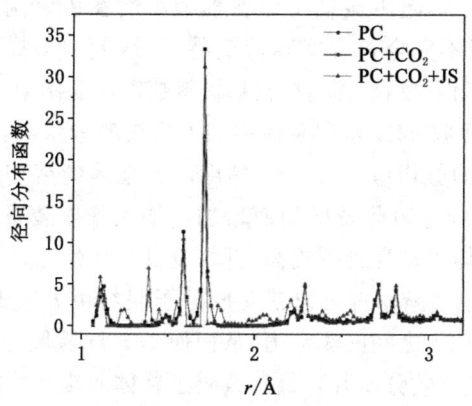

图 8-18　径向分布函数

　　径向分布函数最高峰出现范围处,出现其他分子的概率最大且此处出现的区域密度最大。随着区域密度的增加,原子外壳会因力场的存在而变形,一旦新生固相的晶格结构开始膨胀生长,在径向分布函数中的附加峰就会反映出这种原子效应。这表明 C-S-H 凝胶结构分解成可移动的纳米团簇,以获得高内聚能并保持结构稳定性。一旦通入 CO_2 和减水剂,凝胶基团就会通过分散作用,使最高峰出现推移。

8.7　本章小结

（1）吸收 CO_2 可以有效提高水泥浆体剪切应力和塑性黏度。和机械搅拌下吸收 CO_2 水泥浆体比较,超声振动可以更有效地提高水泥浆体的剪切应力和塑性黏度,并且随着浆体吸收 CO_2 量的增加,水泥浆体的剪切应力和黏度值也会增加。

（2）机械搅拌吸收 CO_2 水泥浆体流变模型与 H-B 流变模型拟合度较高。而超声振动下流变模型虽然在传统流变模型适用范围内,但又不完全符合实际流变特征,因此本书提出了一种适合于超声振动下吸收 CO_2 水泥基材料超声流变模型。

（3）在吸收 CO_2 水泥浆体中加入聚羧酸减水剂,可以有效降低新拌浆体的剪切应力和塑性黏度。但浆体的剪切应力和塑性黏度会随着 CO_2 吸收量增加而增加。加入聚羧酸减水剂可使碳化后水泥浆体流动性得到提高,并恢复其工作性能。

（4）CO_2 和减水剂可以使凝胶分子间约束力减少,增加凝胶分子结构内粒子之间的驱动力,从而使 C-S-H 凝胶分散效果更好（凝胶基团被有效分布开）,最终改善了浆体的流变性能。

9 吸收 CO_2 水泥基材料抗碳化性能研究

　　混凝土碳化是一个复杂的物理化学过程,混凝土内可碳化物质含量主要来源于水泥水化产生的 $Ca(OH)_2$。在混凝土配合比一定的前提下,混凝土内可碳化物质含量是确定的。但是,在混凝土搅拌过程中,新拌水泥浆体吸收了 CO_2 气体,而 CO_2 气体与水泥的水化产物 $Ca(OH)_2$ 反应生成了 $CaCO_3$,这势必会造成混凝土内一部分可碳化物质 $Ca(OH)_2$ 被消耗,部分可碳化物质的消耗是否会影响混凝土内部抗碳化性能成为值得关注的问题。因此,研究吸收 CO_2 水泥浆体对混凝土抗碳化性能的影响是十分有必要的。

　　本章通过加速碳化试验,测定新拌浆体吸收 CO_2 水泥胶砂在不同龄期的碳化深度和碳化区(pH 值变化区)范围,揭示其碳化深度和碳化变化区的影响,并从中探索其内部碳化区域的变化规律。通过 SEM 和 XRD 等微观测试手段,研究吸收 CO_2 水泥浆体试件内部成分和物象变化,从而揭示机械搅拌和超声振动作用下水泥浆体吸收 CO_2 水泥基材料抗碳化性能变化机理。

9.1 试验研究

　　(1)原材料

　　本章所用到的原材料主要有 P・O 42.5 水泥、ISO 标准砂、

水和 CO_2 气体等。其具体性能与前面相同,此处不再重复介绍。

（2）试件分组

试件分为 Q 组和 R 组,Q 组是超声振动下吸收不同量 CO_2 试件,R 组是机械搅拌下吸收不同量 CO_2 试件。Q 组中的 Q1、Q2、Q3、Q4、Q5、Q6 和 R 组中的 R1、R2、R3、R4、R5、R6,所对应 CO_2 吸收量依次分别为水泥质量的 0%、0.44%、0.88%、1.32%、1.76%、2.20%。

（3）试件的制备

① 机械搅拌吸收 CO_2 胶砂试件制备

称取 3 kg 水泥和 1.5 kg 水加入 CO_2 吸收装置的搅拌桶,拌制 0.5 水灰比的水泥浆体,搅拌速率设定为(210 ± 5) r/min。待浆体搅拌均匀后打开 CO_2 流量阀,边振动边搅拌,CO_2 吸收量以水泥质量的 0.44% 比例递增。吸收完对应 CO_2 后,从搅拌桶中放出碳化水泥浆体 2 025 g,分为 3 等份,每份 675 g,分别加入 1 350 g 标准砂,制备 40 mm×40 mm×160 mm 的长方体胶砂试件。所有试件养护 24 h 后拆模,并在(20 ± 2) ℃、湿度$>95\%$的条件下标准养护至规定龄期进行相关测试。

② 超声搅拌吸收 CO_2 胶砂试件制备

在机械搅拌作用下开动超声装置,超声振动器频率设定为 20 kHz,制备超声搅拌吸收 CO_2 浆体的胶砂试件,其制备过程和机械搅拌相同。

（4）混凝土碳化试验

① 试件的预处理及加速碳化试验

将标准养护 28 d 的试件放置到 60 ℃中恒温干燥 48 h,再把试块在自然环境中静置冷却 48 h,然后将混凝土试件置于加速碳化箱,按照《普通混凝土长期性能和耐久性能试验方法标准》(GB/T 50082—2009)展开加速碳化试验。试验参数:CO_2 质量分数 20%、碳化温度(20 ± 2) ℃、湿度 70%±5%,碳化的龄期分别设定为 3 d、7 d 和 28 d。

② 碳化试件的破型

将碳化至规定龄期(3 d、7 d、28 d)的混凝土试件取出并在压力机上破型,从一端切出一个厚度大概在 50 mm 左右的块状物体,清理干净断面位置的粉末,立刻喷散 1%的酚酞指示剂,使用尺子测量碳化的深度。然后将碳化的试块再放置到碳化箱内,进行加速碳化。等到下一个碳化龄期再次从一端劈下厚约 50 mm 的一块进行碳化深度测试,如此反复。

③ 碳化深度的测定

在破型试件的新鲜断口上喷洒酚酞指示剂观测被喷洒的地方颜色的变化,混凝土断面的表层完全碳化部分因不含有碱性物质而保持不变,而未碳化部分因含有 $Ca(OH)_2$ 并与酚酞发生反应会变成粉红色。根据酚酞试剂显色区,测定试件表面到分色线的平均距离,此距离则为碳化深度。

④ 碳化深度的计算

将龄期 3 d、7 d、28 d 混凝土碳化试件平放,测量试块表面到显色点的距离,每隔 5 mm 的距离作为一个测试点,并记录每次测试的数据,然后计算平均数值。测试混凝土的平均碳化深度按照以下公式计算:

$$\overline{d_t} = \frac{\sum_{i=1}^{n} d_i}{n} \tag{9-1}$$

式中　d_t——平均碳化深度;

　　　d_i——碳化表面任意点碳化深度;

　　　n——测点总数。

9.2 试验内容及方法

（1）超声振动成型对吸收 CO_2 水泥砂浆碳化性能的影响

测定超声振动和机械搅拌下吸收不同量 CO_2 水泥胶砂在碳化 3 d、7 d 和 28 d 的碳化深度，对比两种搅拌方式下各个龄期碳化深度，研究超声振动对水泥砂浆抗碳化性能的影响。

（2）超声振动成型对碳化水泥砂浆 pH 值变化区的影响

将机械搅拌和超声搅拌下吸收不同量 CO_2 水泥胶砂 28 d 碳化龄期的各组试件破型，利用酚酞指示剂测量色度，从而获得完全碳化区域的具体深度。之后在混凝土横断面从表往里钻取试样。为了更加精确 pH 值的变化值，钻取样点每间隔 2 mm 设一个，直到试件中心位置。每取一个试样迅速放于磨口试剂瓶中密封。每一个试样均研为粉末倒入烧杯（25 mL）中，使粉末与蒸馏水相混合调成糊状，水固比为 1：3，并测其 pH 值。待 5 min 后记录数据。通过对比机械搅拌，研究超声振动对水泥砂浆 pH 值变化区碳化过程影响。

（3）吸收 CO_2 水泥浆体的 XRD 分析

为避免 CO_2 吸收量较少，其相应水泥试样反应生成物相对较少，导致测试效果不佳，试验采用吸收量为 2.20% CO_2 试件进行碳化水泥浆体 XRD 分析。本次试验分为三组，分别为未吸收 CO_2 试件、机械搅拌下吸收 2.20% CO_2 试件、超声振动搅拌下吸收 2.20% CO_2 试件。之后将这三组已经成型的试件进行养护，等到龄期 28 d 后将其取出，再制成粉末试样（粉末试样采用打磨机进行打磨，最终打磨至直径约 10 μm。以两个手指捏住搓磨，无颗粒感即可）。所有制作完成的样品都马上装袋密封，需试验时再取出。XRD 衍射分析的检测装置采用中国矿业大学现代分析与计算中心的 D8 ADVANCE 型 XRD 衍射分析仪。记录试验样本的衍射图谱,之后再进行物相分析。X 射线衍射分析仪工作参数为:Cu 靶 Kα 射线,管电压 40 kV,管电流 30 mA。

(4) 碳化浆体的微观结构分析

将制备的胶砂试件破型,四组试件分别是碳化 28 d 的试验组(Q0 组、Q2 组、Q4 组和 Q6 组),CO_2 吸收量分别为 0%、0.88%、1.76%、2.20%。将每组试件分别制成 1 mm 厚样品,浸入无水乙醇中 48 h,以终止水泥的水化作用。在 65 ℃的恒温鼓风烘箱内将试样干燥处理 24 h,并放置于离子溅射仪中进行表面喷金处理。

使用扫描电镜,观察碳化前未吸收 CO_2 浆体试件和碳化前已经吸收 CO_2 浆体试件在经过 28 d 碳化后的微观结构变化,并分析其内在原因。

9.3 试验结果及分析

9.3.1 超声振动对吸收 CO_2 水泥砂浆碳化性能的影响

(1) 机械搅拌

机械搅拌下吸收 CO_2 水泥胶砂 3 d、7 d 和 28 d 的碳化情况分别如图 9-1、图 9-2 和图 9-3 所示。根据图 9-1、图 9-2、图 9-3 测定结果计算得到吸收不同量 CO_2 试样的平均碳化深度值,见表 9-1。

① 碳化龄期 3 d

图 9-1 是机械搅拌下碳化时间为 3 d 的胶砂碳化图像。从图 9-1 中可以看出,随着 CO_2 吸收量的增加,试块中显色块的面积逐渐减小。从表 9-1 看出,当碳化龄期为 3 d 时,随着 CO_2 吸收量增加,新拌水泥胶砂碳化深度分别为 3.1 mm、2.9 mm、3.3 mm、3.5 mm、3.5 mm 和 3.6 mm。吸收 0.44% CO_2 的水泥胶砂碳化深度比未通入 CO_2 降低 6.5%,但随着后期 CO_2 吸收量不断增

加,分别依次递增 13.8%、6.1%、0%和 2.9%。

图 9-1　机械搅拌下碳化深度图像(3 d)

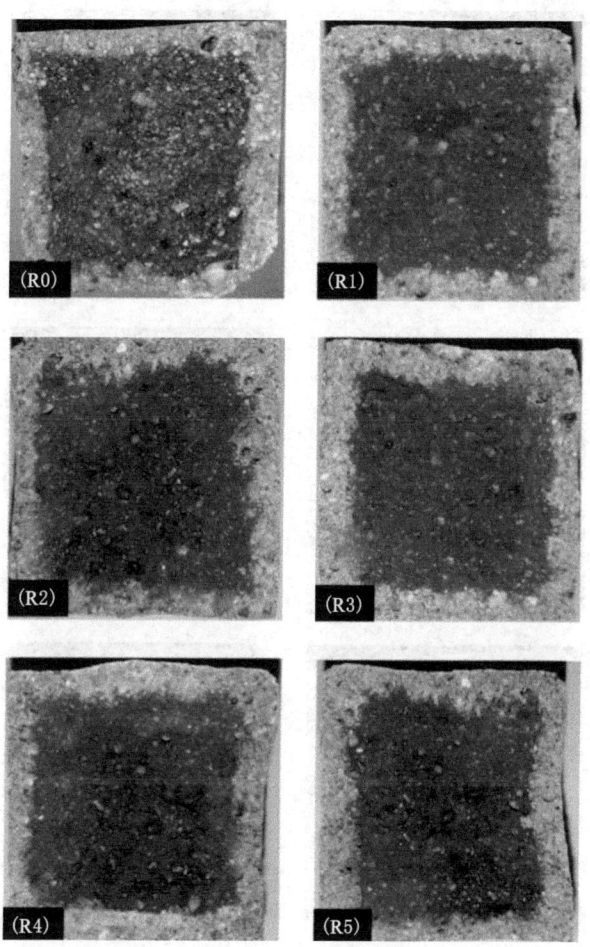

图 9-2　机械搅拌下碳化深度图像(7 d)

② 碳化龄期 7 d

图 9-2 是机械搅拌下碳化时间为 7 d 的胶砂碳化图像。从图 9-2中可以看出,试块中显色块面积比 3 d 时有所减少,但是随

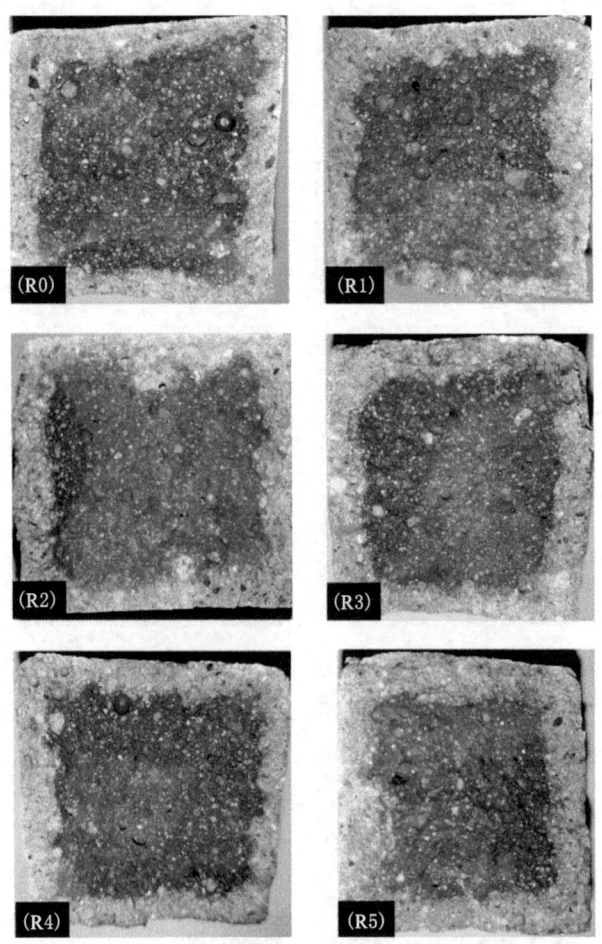

图 9-3 机械搅拌下碳化深度图像(28 d)

着 CO_2 吸收量的增加,各显色块的面积变化从宏观上看并不明显。从表 9-1 可以看出,碳化龄期在 7 d 时,CO_2 吸收量为 0.44% 时的碳化深度比未通入 CO_2 时的碳化深度降低 2.3%;当 CO_2 吸

收量增加到 0.88％和 1.32％时碳化深度分别递增 4.7％和
2.2％；当 CO_2 吸收量继续增加到 1.76％碳化深度有所减少，降
低 2.2％；而当 CO_2 吸收量达到 2.20％时,碳化深度没有发生变
化。这说明碳化龄期在 7 d 时,受 CO_2 吸收量的影响,水泥硬化
体的碳化变化并不稳定。

③ 碳化龄期 28 d

图 9-3 是机械搅拌试样碳化时间为 28 d 的碳化图像。从图
9-3 中可以看出,试块中显色块面积比 7 d 时又有所减少,并随着
CO_2 吸收量的增加,显色块的面积也随之减小,变化较为明显。
由表 9-1 可知,随着 CO_2 吸收量的增加胶砂硬化体碳化深度依次
是 5.6 mm、5.5 mm 和 5.7 mm、6.0 mm、5.8 mm 和 6.0 mm。
CO_2 吸收量为 0.44％时碳化深度比未加入 CO_2 降低 1.8％,随
CO_2 吸收量增加又分别递增 3.6％、5.3％、－3.3％和 3.4％。

从以上各个龄期碳化深度增长和减少百分比上看,随着 CO_2
吸收量增加,水泥胶砂硬化体的碳化深度总体是有所增长的。当
龄期在 7 d 时变化不明显,然而随着龄期增长,CO_2 吸收量增加,
碳化深度值是有所增加的,由此说明机械搅拌下通入 CO_2 对于混
凝土抗碳化性能是有一定的影响,但影响并不明显。

表 9-1 机械搅拌水泥胶砂吸收不同量 CO_2 后不同龄期的碳化深度

试块编号	R0	R1	R2	R3	R4	R5
CO_2 吸收量%	0	0.44	0.88	1.32	1.76	2.20
3 d 碳化深度/mm	3.1	2.9	3.3	3.5	3.5	3.6
7 d 碳化深度/mm	4.4	4.3	4.5	4.6	4.5	4.5
28 d 碳化深度/mm	5.6	5.5	5.7	6.0	5.8	6.0

（2）超声振动

超声振动下吸收 CO_2 水泥胶砂 3 d、7 d、28 d 碳化情况分别如图 9-4、图 9-5、图 9-6 所示。根据图 9-4、图 9-5、图 9-6 测定结果计算得到吸收不同量 CO_2 的平均碳化深度值，见表 9-2。

图 9-4　超声振动下碳化深度图像（3 d）

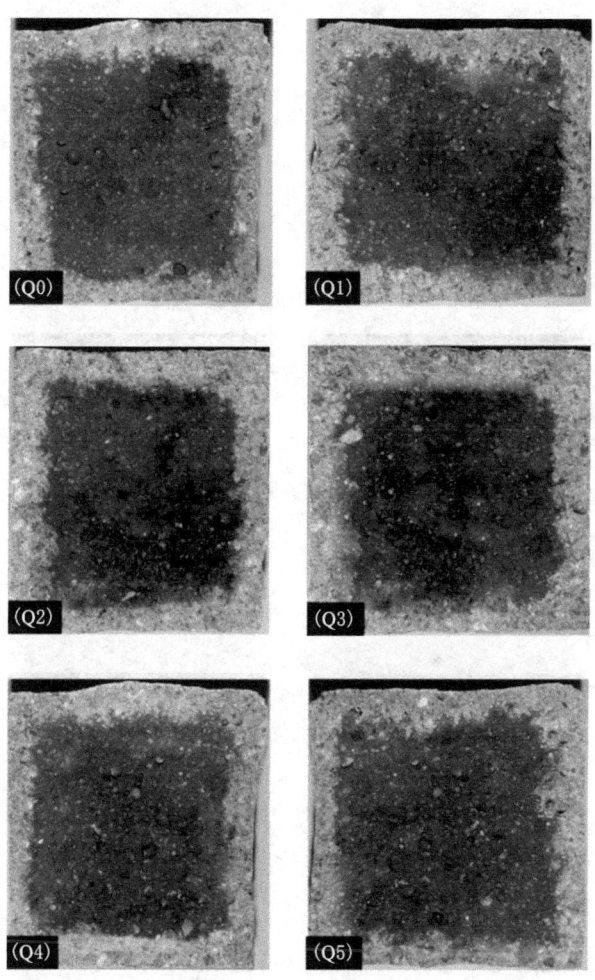

图 9-5 超声振动下碳化深度图像(7 d)

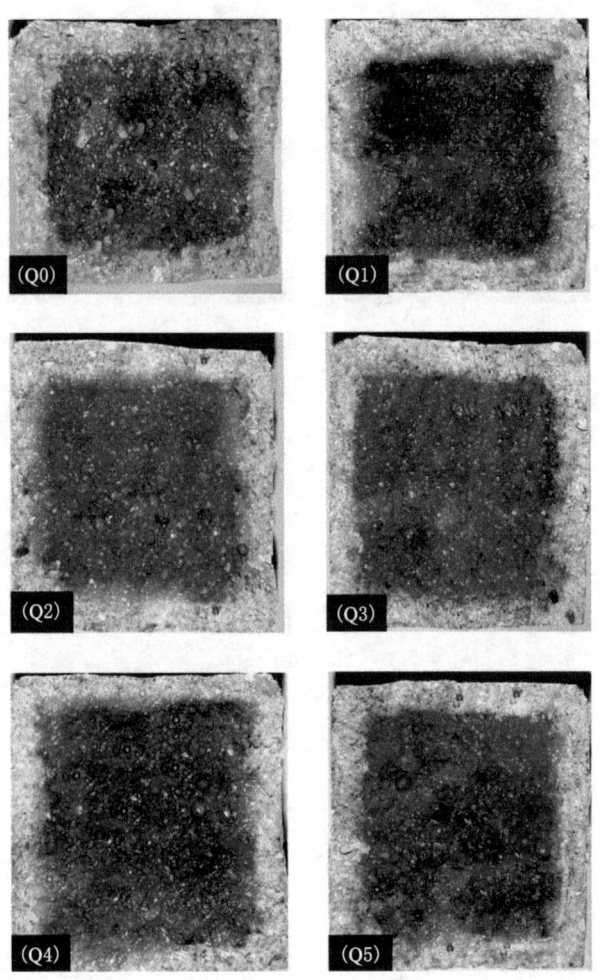

图 9-6　超声振动下碳化深度图像(28 d)

① 碳化龄期 3 d

从图 9-4 可以看出,随着 CO_2 吸收量的增加,试块中各显色块的面积有所增加。从表 9-2 可以计算出,当碳化龄期为 3 d 时,随着 CO_2 吸收量增加,水泥胶砂碳化深度分别减少 7.1%、7.7%、4.2%、8.7%和 4.8%。

表 9-2　超声振动搅拌水泥胶砂吸收不同量
CO_2 后不同龄期的碳化深度

编号	Q0	Q1	Q2	Q3	Q4	Q5
CO_2 吸收量/%	0	0.44	0.88	1.32	1.76	2.20
3 d 碳化深度/mm	2.8	2.6	2.4	2.3	2.1	2.0
7 d 碳化深度/mm	4.2	4.0	3.8	3.6	3.5	3.3
28 d 碳化深度/mm	5.3	5.2	5.0	4.7	4.6	4.4

② 碳化龄期 7 d

图 9-5 是超声振动下碳化时间为 7 d 时的碳化情况。从图9-5中可以看出,各试块中显色块面积比 3 d 时有所减少。随着 CO_2 吸收量的增加,各显色块的面积依然是有所增加的。从表 9-2 可以计算出,随 CO_2 吸收量增加,碳化深度分别递减 4.8%、5.0%、5.3%、2.8%、5.7%。

③ 碳化龄期 28 d

图 9-6 是超声振动下碳化时间为 28 d 时的碳化情况。从图 9-6 中可以看出,试块中显色块面积比 7 d 时又有所减少。从表 9-2可以计算出,当碳化龄期在 28 d 时,随 CO_2 吸收量增加,碳化深度分别递减 1.9%、3.8%、6.0%、2.1%、4.3%。

(3) 两种搅拌方式的对比分析

为清晰反映超声振动对碳化深度的影响,将机械搅拌和超声振动搅拌下吸收不同量 CO_2 在不同龄期的碳化深度进行对比和分析,如图 9-7 所示。从图中看出,当碳化龄期在 3 d、7 d 和 28 d 时,在机械搅拌下水泥胶砂碳化深度随着 CO_2 吸收量的增加略有增加,总体变化并不十分明显;而超声振动下水泥胶砂碳化深度是随着 CO_2 吸收量增加呈明显下降趋势,说明在超声振动下,各个龄期的水泥胶砂硬化体碳化深度会随着 CO_2 吸收量的增加而减小。

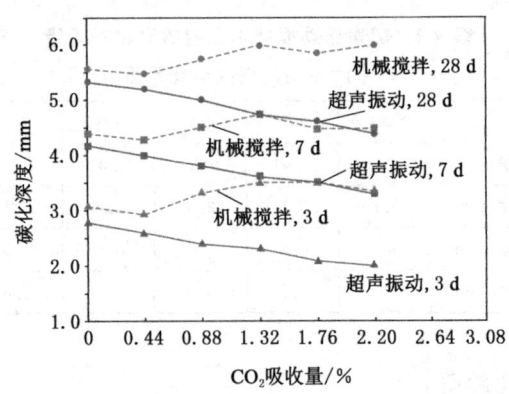

图 9-7　吸收不同量 CO_2 不同龄期胶砂的碳化深度曲线

综上所述,超声振动下水泥胶砂硬化体各龄期碳化深度随着 CO_2 吸收量的增加而减小,并且减小幅度较明显。说明超声振动对水泥胶砂碳化具有一定的延缓作用,有助于提高混凝土抗碳化性能。超声振动下成型的水泥胶砂,其抗碳化能力之所以得到改善,主要是因为超声振动有效增加了水泥颗粒之间的碰撞概率,使水泥颗粒的水化速率、CO_2 吸收率和水化产物 $Ca(OH)_2$ 被中和的速率显著提高,水泥浆体的微结构得以更加均匀、致密地建立与发展。

9.3.2　吸收 CO_2 水泥胶砂碳化区 pH 值变化

由于酚酞测量碳化深度的方法无法准确区分不完全碳化区

域内 pH 值的变化,本书通过 pH 值变化区段长度来表征水泥胶砂硬化体碳化反应区的碳化进程,能更清晰直观地解析水泥胶砂硬化体碳化反应变化过程。作出机械搅拌和超声振动下吸收不同量 CO_2 水泥胶砂硬化体 pH 值分布图,通过不同深度 pH 值的测试结果对比,清晰地反映出在超声振动下,随着 CO_2 吸收量的增加,水泥胶砂硬化体碳化区 pH 值分布情况以及变化规律。

(1) 机械搅拌

表 9-3 和图 9-8 分别为机械搅拌下吸收 CO_2 水泥胶砂硬化后(龄期 28 d)碳化区域 pH 值测试结果以及 pH 值分布图,具体分别是 CO_2 吸收量在 0%、0.44%、0.88%、1.32%、1.64% 和 2.20% 时,在碳化深度 2 mm、4 mm、6 mm、8 mm、10 mm、12 mm、14 mm、16 mm、18 mm 和 20 mm 处测得的 pH 值。

表 9-3 不同 CO_2 吸收量水泥胶砂 28 d 碳化区域的 pH 值(机械搅拌)

CO_2 吸收量/%	碳化深度/mm										
	0	2	4	6	8	10	12	14	16	18	20
0	8.5	8.5	8.5	9.5	11.7	12.0	13.0	13.2	13.1	12.9	13.0
0.44	8.5	8.5	8.5	9.6	11.0	12.2	13.1	13.0	13.0	13.1	13.1
0.88	8.5	8.5	8.5	9.3	10.5	11.6	13.1	12.9	13.2	12.9	13.1
1.32	8.5	8.5	8.5	8.5	9.7	11.1	13.0	13.1	12.9	13.0	13.1
1.76	8.5	8.5	8.5	9.0	10.2	10.9	12.9	13.0	13.0	13.2	13.1
2.20	8.5	8.5	8.5	8.5	9.5	10.8	12.8	13.1	13.0	13.1	13.2

从测得的结果上看,pH 值变化较大的区域主要集中在碳化深度 6~12 mm。从图 9-8 中还可以看出,随着 CO_2 吸收量的增加,其硬化体碳化区域的 pH 值会有所降低。

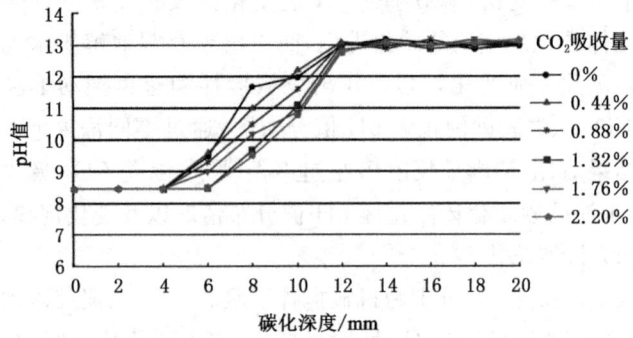

图 9-8　吸收 CO_2 水泥胶砂 28 d 碳化区域的 pH 值分布（机械搅拌）

（2）超声振动搅拌

表 9-4 和图 9-9 分别为超声振动下吸收 CO_2 水泥胶砂硬化后（龄期 28 d）碳化区域 pH 值测试结果以及 pH 值分布图。

表 9-4　不同 CO_2 吸收量水泥胶砂 28 d 碳化区域的 pH 值（超声振动）

CO_2 吸收量/%	碳化深度/mm										
	0	2	4	6	8	10	12	14	16	18	20
0	8.5	8.5	8.5	8.6	9.8	11.2	13.1	13.0	13.1	12.9	13.1
0.44	8.5	8.5	8.5	8.7	10.0	11.5	13.3	13.1	13.1	13.2	13.0
0.88	8.5	8.5	8.5	8.7	10.4	12.0	13.1	12.9	13.2	13.1	13.1
1.32	8.5	8.5	8.5	8.8	10.9	12.3	13.0	13.2	13.0	13.3	13.2
1.76	8.5	8.5	8.5	9.0	11.2	12.7	13.1	13.2	13.1	13.2	13.1
2.20	8.5	8.5	8.5	9.0	11.5	13.1	13.2	13.0	13.2	13.1	13.2

从图 9-9 可以看出，pH 值变化较大的区域和机械搅拌相同，也是主要集中在碳化深度 6~12 mm，并随着碳化深度的加深，pH 值逐渐增加。此外，随着水泥浆体 CO_2 吸收量增加，pH 值也

是在增加的。

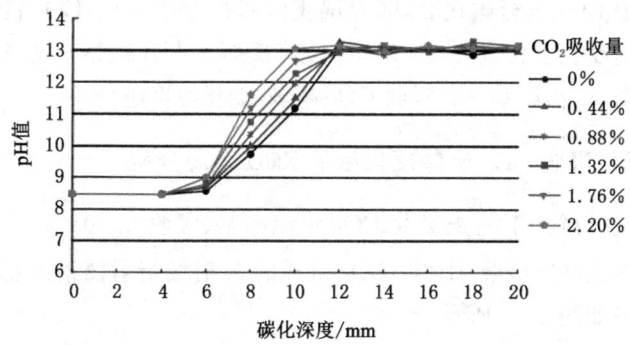

图 9-9　吸收 CO_2 水泥胶砂 28 d 碳化区域的 pH 值分布(超声振动)

（3）两种搅拌方式对比分析

在碳化初期,两种搅拌方式下,试件在碳化深度 0～4 mm 时的 pH 值均为 8.5,此区域被称为完全碳化区;在碳化深度 4～12 mm 时,试件的 pH 值从 8.5 上升至 13.0 左右;当碳化深度到了 12 mm 之后,胶砂的 pH 值一直维持在 13.0 左右,达到一个稳定状态。原因分析:水泥胶砂硬化体在碳化初期反应的控速步骤是 CO_2 由气相变成液相,此时对 pH 值影响不大;当 CO_2 被反应后,OH^- 被不断消耗,导致 pH 值下降;通过继续反应,直至 OH^- 不足以产生 HCO_3^-,最终使 pH 值维持在一个稳定的水平。

此外,随着新拌水泥浆体吸收 CO_2 量的增加,硬化后的水泥胶砂碳化区内的 pH 值变化规律并不相同。在机械搅拌下,随着新拌水泥吸收 CO_2 量增加,碳化区域的 pH 值总体趋势是降低;超声振动下碳化区域的 pH 则呈上升的变化趋势。其主要原因:试块成型前,在机械搅拌下,浆体内部由于分布不够均匀,随着 CO_2 吸收量增加,同一碳化深度的 pH 值变化没有规律;超声振动下的试块在超声"空化"作用下,其内部结构比较均匀、密实,并

随着 CO_2 吸收量增加,试块孔隙率也不断减小,当试块再一次和空气中 CO_2 进行碳化时,随着试块内部孔隙率减小,CO_2 侵入试块的速度也会相应变慢,所以 pH 值反而呈上升趋势。这说明超声振动下,水泥基材料吸收 CO_2 越多,碳化速度越慢。

9.3.3 吸收 CO_2 浆体硬化后的 XRD 微观分析

机械搅拌下的未吸收 CO_2 水泥净浆、吸收 2.20% CO_2 以及在超声振动下吸收 2.20% CO_2 试样的 X 射线衍射图谱及物相分析结果如图 9-10 所示。

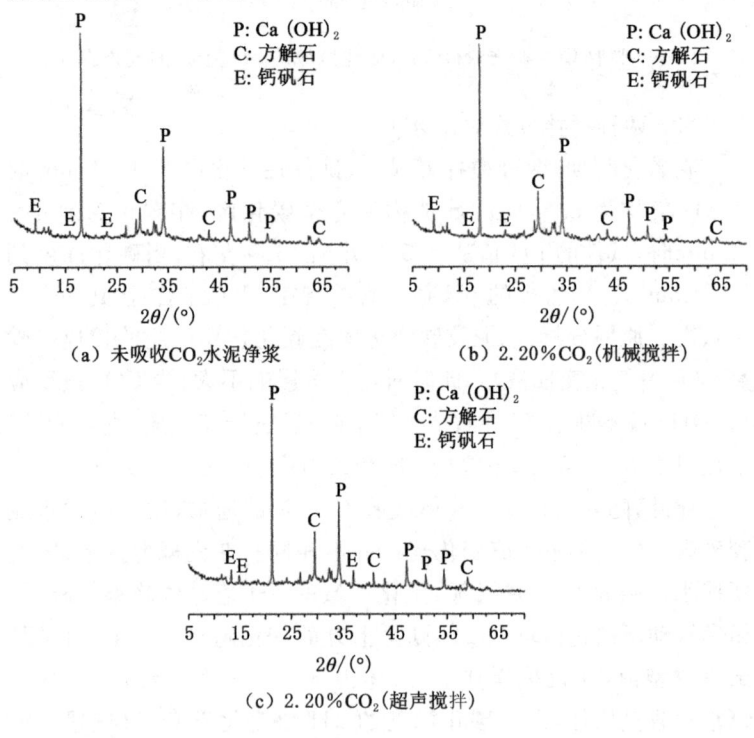

（a）未吸收 CO_2 水泥净浆　　　　（b）2.20% CO_2（机械搅拌）

（c）2.20% CO_2（超声搅拌）

图 9-10　水泥浆体试样的衍射结果

（1）纯水泥净浆

从图 9-10(a)可以看出,未吸收 CO_2 水泥净浆试样的 XRD 图中表现出 $Ca(OH)_2$ 衍射峰,这意味着此试件中存在大量 $Ca(OH)_2$ 结晶,同时方解石和钙矾石衍射峰相对较低。

（2）机械搅拌下吸收 2.20% CO_2

从图 9-10(b)中可以看出,其衍射图谱中 $Ca(OH)_2$ 衍射峰比未通入 CO_2 时有所降低,但降低幅度很小,说明 $Ca(OH)_2$ 结晶稍有减少。这是因为新拌水泥浆体通入 CO_2 后,与水泥中的 $Ca(OH)_2$ 发生反应,消耗了一小部分的 $Ca(OH)_2$,因此 $Ca(OH)_2$ 衍射峰有所降低。另外 CO_2 的衍射峰有所升高,这主要是因为通入 CO_2 后在浆体内部反应生成了 $CaCO_3$。

（3）超声振动下吸收 2.20% CO_2

从图 9-6(c)中可以看出,其衍射图谱中的 $Ca(OH)_2$ 衍射峰与图 9-10(b)变化并不十分明显,但有所降低。其主要原因在于吸收 CO_2 的水泥净浆在超声振动下,$Ca(OH)_2$ 结晶体的数量发生了变化。这是因为通入 CO_2 的新拌水泥净浆在超声振动下,$Ca(OH)_2$ 能够更好地接触到 CO_2 并与之反应,$Ca(OH)_2$ 被消耗并生成 $CaCO_3$ 结晶体。

此外,浆体在养护箱中也会与空气中的 CO_2 反应,由于超声振动提高了养护试块的密实性,空气中 CO_2 进入浆体内的数量就会减少,养护过程中对 $Ca(OH)_2$ 影响也就不大。

（4）吸收 CO_2 浆体硬化后的 SEM 微观分析

图 9-11 是超声振动下吸收不等量 CO_2 水泥硬化体碳化后的 SEM 图(放大 10 000 倍)。图 9-11(a)是碳化前未吸收 CO_2 浆体试件,可以明显看出碳化后有絮凝体和少量碳酸钙结晶体以及钙矾石晶须分布在胶凝体表面,絮凝体较为疏松。从图 9-11(b)可以看出,碳化前已经吸收反应了 0.88% 的 CO_2 浆体试件,碳化后絮凝体数量增加;相对于未吸收 CO_2 浆体试件,其孔隙较少,整个

絮凝体也较为密实。碳化前吸收反应了 1.76% 的 CO_2 浆体试件［见图 9-11(c)］碳化后絮凝体数量继续增加,整个絮凝体的密实度又有所增加。而吸收了 $2.20\% CO_2$ 浆体试件［如图 9-11(d)所示］,颗粒状的絮凝体密密麻麻分布,孔隙变得更少,密实度进一步提升。

　　通过以上分析得出:超声振动下,吸收 CO_2 水泥浆体碳化后,胶凝体絮凝体数量不断增多,并导致部分毛细孔道堵塞,造成的孔隙变小。

（a）$0\% CO_2$　　　　　　　　　（b）$0.88\% CO_2$

（c）$1.76\% CO_2$　　　　　　　　（d）$2.20\% CO_2$

图 9-11　超声振动下水泥石碳化后凝胶体的 SEM 图

（放大倍率:10 000）

9.4 混凝土碳化机理分析

9.4.1 普通混凝土的碳化机理分析

为便于分析吸收 CO_2 水泥浆体的碳化机理,本节先分析普通混凝土的碳化机理,图中 9-12(a)表示混凝土碳化前的内部结构。当水泥颗粒与水发生反应后,产生 C-S-H 凝胶以及水化生成的 $Ca(OH)_2$ 固相晶体。

混凝土碳化后的内部结构则如图 9-12(b)所示。当空气中 CO_2 渗透到混凝土内部的空隙与毛细孔中,CO_2 和水泥凝胶体中 $Ca(OH)_2$ 进行反应,所得产物为 $CaCO_3$,由于其具有较低的溶解度,因此会发生沉淀,为了使毛细孔中 Ca^{2+}、OH^- 浓度恒定,则原本在固相中的 $Ca(OH)_2$ 将溶解。

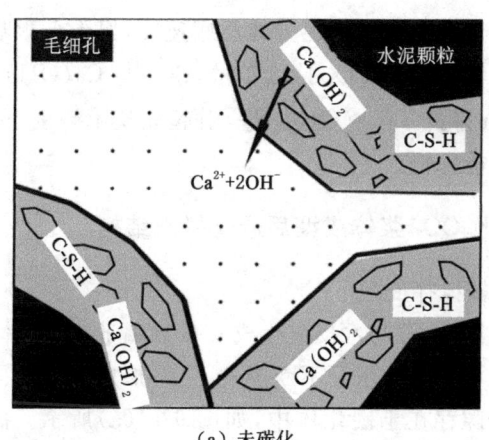

（a）未碳化

图 9-12　普通混凝土的碳化机理

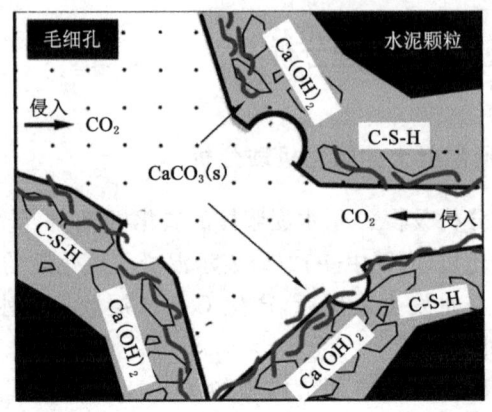

（b）碳化后

图 9-12 （续）

此外，由于 $CaCO_3$ 沉积在毛细孔隙壁，所得产物层将会限制 CO_2 与混凝土颗粒中碱性组分的反应速度，但不会影响混凝土最终的碳化进程。随着 CO_2 持续扩散，CO_2 与 $Ca(OH)_2$ 会继续不断反应，从而降低了 $Ca(OH)_2$ 量，引起混凝土碱度下降，最终使其抗碳化性能降低。

9.4.2 吸收 CO_2 浆体成型后碳化微观结构

（1）机械搅拌成型

水化初期，水泥与水反应生成 C-S-H 凝胶，当浆体开始成型，水泥硬化体中存在的水分不断蒸发，最终形成多个不同尺寸和不同形状的孔隙存在于硬化体中，如图 9-13（a）所示。而机械搅拌成型的硬化体，新拌浆体成型之前吸收了 CO_2，并和浆体内的 $Ca(OH)_2$ 反应生成 $CaCO_3$，使得水泥水化产物增多，当浆体硬化后，内部孔隙面积相对减少，从而进入孔隙中 CO_2 量相对减少。

此外，C-S-H 凝胶内同时也存在细小的凝胶孔，也会有一部分 CO_2 从 C-S-H 凝胶孔中进入水泥硬化体内，如图 9-13(b)所示。

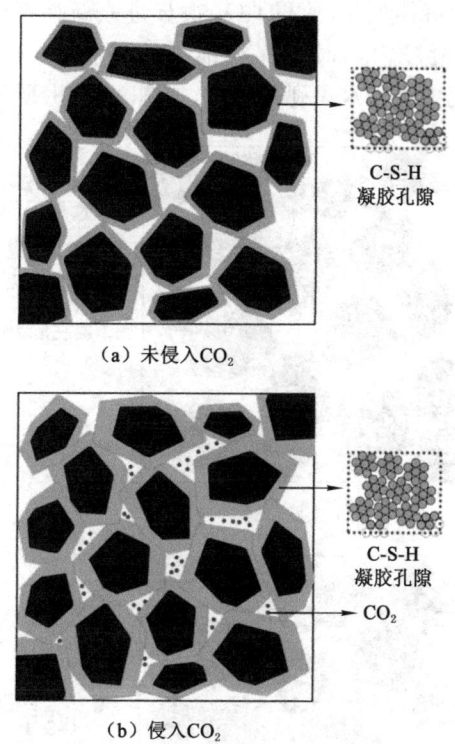

（a）未侵入 CO_2

（b）侵入 CO_2

图 9-13　机械搅拌成型碳化机理

（2）超声振动成型

超声振动新拌水泥成型前内部结构如图 9-14(a)所示，其内部结构同图 9-13(a)相类似，此处不再介绍。超声振动成型的硬化体，新拌浆体成型之前吸收 CO_2，并和浆体内的 $Ca(OH)_2$ 反应生成 $CaCO_3$，在超声振动作用下，生成 $CaCO_3$ 晶体被分离成纳米

级 $CaCO_3$ 晶核,被有效地填充在水泥水泥颗粒之间,而水化产物由于晶核的吸附作用,又被吸附在晶核上,最终使得浆体硬化后内部被晶核絮凝体填充,使得 CO_2 很难进入新拌浆体硬化体中。此外,C-S-H 凝胶内同时也存在细小的凝胶孔,也会有一部分 CO_2 从凝胶孔中进入水泥硬化体内,如图 9-14(b)所示。

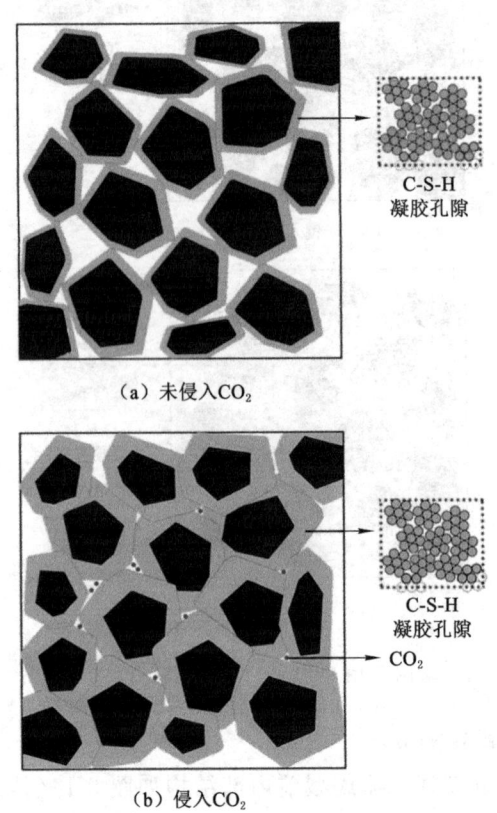

(a) 未侵入CO_2

(b) 侵入CO_2

图 9-14　超声振动成型碳化机理

（3）超声振动下吸收 CO_2 浆体成型前 $CaCO_3$ 晶核微观结构分析

由于超声"空化"辅助作用,对周围和水泥浆体中正在水化水泥颗粒表面不间断破坏,导致其表面正在生成的胶凝体迅速剥落,得到崭新的水泥颗粒。由于 $CaCO_3$ 絮凝体在超声波作用下被有效分割,产生大量纳米级晶体均匀地分布在水泥颗粒之间,如图 9-15(a)所示。当浆体吸收 0.44% CO_2,水泥颗粒之间的纳米

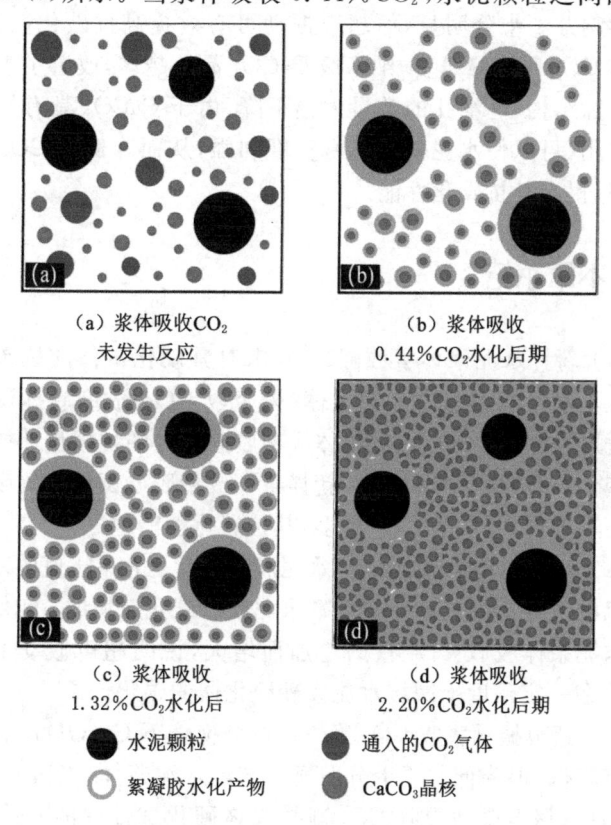

（a）浆体吸收CO_2
未发生反应

（b）浆体吸收
0.44%CO_2水化后期

（c）浆体吸收
1.32%CO_2水化后

（d）浆体吸收
2.20%CO_2水化后期

● 水泥颗粒   ● 通入的CO_2气体

○ 絮凝胶水化产物   ● $CaCO_3$晶核

图 9-15　吸收 CO_2 浆体成型前 $CaCO_3$ 晶核微观结构

级 $CaCO_3$ 晶核增多,并且在每一个晶核周围都吸附大量水化产物,如图 9-15(b)所示。当浆体吸收 CO_2 量在 1.32％时,$CaCO_3$ 晶核继续增多,使得水泥颗粒之间絮凝体也显得更加紧凑,如图 9-15(c)所示。此外,从图 9-15(d)可以看出,当浆体吸收 CO_2 达到 2.20％时,$CaCO_3$ 晶核布满整个絮凝体周围,使得水泥颗粒之间絮凝体更加紧密。

通过以上机理分析可以得出,机械搅拌对于水泥基材料的抗碳化影响并不十分明显,而超声振动可有效提高抗碳化性能,且成型前 CO_2 吸收量越多,纳米级 $CaCO_3$ 晶核越多,改善了水泥浆体的孔隙结构,毛细孔的数量大幅下降,由于 $CaCO_3$ 具有填充和活化作用,可以使水泥基材料密实度加强,从而降低了 CO_2 的扩散速率,提高其抗碳化性能。

9.5 本章小结

(1)新拌水泥浆体吸收 CO_2 并未对其硬化试件的抗碳化性能造成不利影响。与纯水泥浆体(未吸收 CO_2)成型胶砂试件相比,机械搅拌吸收 CO_2 水泥浆体成型胶砂试件的抗碳化性能没有明显变化;超声振动吸收 CO_2 新拌浆体成型胶砂试件的抗碳化性能则明显提升,且吸收 CO_2 越多,其抗碳化性能越好。

(2)超声振动下吸收 CO_2 水泥胶砂碳化区内 pH 值的变化规律与机械搅拌不同。超声振动下水泥胶砂碳化区域的 pH 值随碳化前水泥浆体吸收 CO_2 量的增加而增大,说明超声振动下吸收 CO_2 可在一定程度上减缓水泥胶砂硬化体的碳化。

(3)超声振动吸收 CO_2 浆体比机械搅拌下 $Ca(OH)_2$ 衍射峰值略有降低,但降低并不十分明显。与纯水泥浆体(未吸收 CO_2)试件相比,超声振动吸收 CO_2 新拌浆体硬化试件中的 $Ca(OH)_2$ 衍射峰几乎没有下降,说明 CO_2 对硬化体中水泥充分水化生成的

$Ca(OH)_2$ 含量没有太大影响。

（4）超声振动作用下，新拌浆体 CO_2 吸收量越大，生成纳米级 $CaCO_3$ 晶核越多。新拌浆体中纳米级 $CaCO_3$ 晶核的均匀分布不仅促进了水泥水化，而且改善了水泥浆体的孔隙结构，毛细管的数量大幅下降，水泥基材料密实度大幅提升，降低了 CO_2 向水泥浆基体内的扩散速率，从而提高其抗碳化性能。

10 结论与展望

10.1 结论

利用混凝土吸收 CO_2 是目前减少水泥产业碳排放的方法之一。这个全球性的课题和土木工程学科结合，对混凝土行业的可持续发展和缓解温室气体排放的全球气候变化具有重要的意义。本书以混凝土吸收 CO_2 为主线，通过设备研制、试验设计、模型建立、测试计算等科研手段，研究多因素条件下，新拌浆体吸收 CO_2 作用机制。主要研究成果如下：

（1）设计并制备了搅拌装置，此装置突破了已有设备无法实现混凝土在搅拌过程中吸收 CO_2 的局限。研究了多因素条件下（搅拌速率、水灰比、减水剂种类及其添加顺序等）新拌水泥浆体吸收 CO_2 速率和极限吸收量影响规律。结果表明：提高搅拌速率能够有效提高水泥浆体的 CO_2 吸收速率，但对 CO_2 的极限吸收量影响不大。同时，在一定的范围内增加水灰比，极限吸收量会增大。此外，先添加减水剂可以瞬间提高 CO_2 吸收速率。但减水剂会在极短的时间内失去功效，因此对 CO_2 的吸收速率和极限吸收量影响不大。后添加减水剂可以使已呈膏体的新拌水泥浆体（吸收了 CO_2）恢复流动性，但不能使水泥浆体再具有吸收 CO_2 的能力。而聚羧酸减水剂和脂肪族减水剂除了作用机理不同，添加效果区别不大。两种减水剂都是使水泥颗粒中的钙离子和颗粒外的碳酸根离子无法接触,从而阻碍了浆体的碳化,导致碳化失效。

(2)由于超声波的"空化"效应,超声搅拌可以显著提升新拌浆体中水泥颗粒均匀分布程度,从而加大水泥浆体对 CO_2 的吸收速率和极限吸收量,且超声波频率越低,空化效应越高。相比于机械搅拌,超声搅拌有助于提升浆体扩展度。但随着 CO_2 吸收量的增加,水泥浆体稠化速度也随之加快,浆体的流动度即扩展度会不断降低。对于水泥基材料力学性能来说,超声振动可以有效提高其抗压强度,而对于抗折强度影响不大。

此外,根据微观结构模型分析可得,超声振动增大了碳化水泥浆体中絮凝状 $CaCO_3$ 晶体和针状 $CaCO_3$ 晶须含量,$CaCO_3$ 晶须穿插在 $CaCO_3$ 絮状凝胶中形成晶须骨架网络,从而有效提高混凝土的密实度,进而改善其耐久性能及力学强度性能。

(3)新拌水泥浆体在超声振动下,可以有效提高水泥浆体的剪切应力和黏度,并且随着浆体吸收 CO_2 量的增加,水泥浆体的剪切应力和黏度值也会增加。同时,为了表征机械与超声振动下,水泥浆体吸收 CO_2 流变特性,本书采用三种水泥基材料传统流变模型进行拟合。结果表明:机械搅拌吸收 CO_2 水泥浆体流变与 H-B 流变模型拟合较好,而超声振动下流变虽然在传统流变模型范围内,但又不完全符合实际流变特征。因此,提出一种适合于超声振动下吸收 CO_2 水泥基材料超声流变模型,该模型具有较高的精确性,具有良好的效果。

(4)在超声振动的影响下,随着 CO_2 通入量的不断增加,水泥浆体剪切应力和塑性黏度随之增加。当加入减水剂后,减水剂对水泥浆体起到了缓凝的作用,同时相应降低了浆体的剪切应力和塑性黏度。但是当通入的 CO_2 过量时,由于其过剩的 $CaCO_3$ 以及针状钙矾石晶体存在,$CaCO_3$ 晶体又开始加速水泥的凝结,产生较大的剪切应力和塑性黏度。

（5）通过观察分子尺度下吸收 CO_2 水泥浆体 C-S-H 凝胶结构模型可知，在 C-S-H 凝胶内加入 CO_2，使 C-S-H 凝胶结构内分子间斥力大于引力，分子间作用力做负功，分子势能增大。此外，CO_2 和减水剂能够增加分子结构内粒子之间的斥力，也就是说 CO_2 和减水剂能够增加分子结构内粒子之间的驱动力，使得 C-S-H 凝胶分散效果更好，凝胶基团被有效分布开，使得浆体的流动性有所提高。

（6）新拌浆体吸收 CO_2 并未对其硬化试件的抗碳化性能造成不利影响。与纯水泥浆体（未吸收 CO_2）成型胶砂试件相比，机械搅拌吸收 CO_2 水泥浆体成型胶砂试件的抗碳化性能没有明显变化，但超声振动吸收 CO_2 成型胶砂试件的抗碳化性能明显提升，且吸收 CO_2 越多抗碳化性能越好。

（7）超声振动作用下，新拌浆体的 CO_2 吸收量越大，生成纳米级 $CaCO_3$ 晶核越多。纳米级 $CaCO_3$ 晶核的均匀分布不仅促进了水泥水化，而且改善了水泥浆体的孔隙结构，毛细孔的数量大幅下降，水泥基材料密实度大幅提升，降低了 CO_2 向水泥浆基体内的扩散速率，从而提高其抗碳化性能。

10.2 展望

通过对多因素条件下混凝土吸收 CO_2 作用机制研究，对混凝土高效封存 CO_2 方法及机理有了新的认识。然而，由于时间和条件限制，同时鉴于研究内容较多，问题复杂，本书在取得上述研究成果的同时，仍有许多问题有待研究：

（1）新拌水泥基材料吸收 CO_2 速率不仅受内部因素影响，也会受到外部因素影响。因此，可以通过改变外部环境温度及内部压力是否可以加快 CO_2 吸收速率和极限吸收量。此外，超声振动会产生热量，这部分的热能对新拌浆体不知会带来哪些影响。

（2）加入减水剂可以有效增加水泥浆体流动性，恢复其工作性能。然而在加入减水剂后通入 CO_2 会使水泥浆体失去流动性，而且不再具有工作性能。基于此，能否研制新型减水剂，不仅可以增加浆体的流动性，同时还可以提高 CO_2 吸收速率和吸收量。同时，本书仅对聚羧酸和脂肪族两种减水剂的影响展开研究，而减水剂的种类繁多，也可以对其他外加剂与 CO_2 相容性做进一步研究。

（3）本书研究表明，水泥基材料对 CO_2 吸收量是有限的，当 CO_2 吸收速率转为 CO_2 与水泥水化产物化学反应速率时，CO_2 不再被吸收，水泥浆体同时也失去了流动性。而白糖作为"水泥终结者"，同时也是一种混凝土缓凝剂，据统计在水泥中加入 0.04% 的白糖，就可以让水泥凝固的时间延长一倍，加入超过了 1% 就有可能会使水泥变成了一滩废泥，即使重新固化也失去了原有的抗压强度。可考察利用白糖的缓凝特性，提高水泥浆体对 CO_2 的吸收速率和吸收量。

参 考 文 献

[1] 卜式.装配整体式保温复合墙体系龙骨间距优化和抗震性能研究[D].长沙:长沙理工大学,2019.

[2] 曹明莉,许玲,张聪.不同水灰比、砂灰比下碳酸钙晶须对水泥砂浆流变性的影响[J].硅酸盐学报,2016,44(2):246-252.

[3] 曹润倬,周茗如,周群,等.超细粉煤灰对超高性能混凝土流变性、力学性能及微观结构的影响[J].材料导报,2019,33(16):2684-2689.

[4] 岑晓倩,张亚庆.混凝土 CO_2 排放计算和评价的研究进展[J].绿色科技,2022,24(20):136-141.

[5] 常西亚,卢爱红,胡善超,等.孔隙率对混凝土力学性能及能量耗散的影响研究[J].新型建筑材料,2019,46(4):12-15.

[6] 陈宜通,曾宪忠.混凝土搅拌输送车拌筒液压传动系统的设计[J].工程机械,1992,23(3):31-35.

[7] 陈友德.CO_2减排水泥 Solidia 气硬性水泥、混凝土[J].水泥技术,2015(1):105-106.

[8] 陈宇良,张绍松,陈宗平.型钢混凝土 T 形梁纯扭及弯扭性能试验研究[J].工程力学,2022,41(4):116.

[9] 崔晔婷.脂肪族高效减水剂的合成及作用机理研究[D].北京:北京工业大学,2004.

[10] 崔英.国企混凝土行业资金管理的相关研究[J].财讯,2021(8):3-4.

[11] 戴杰.ELID 超声振动磨削技术开发及其实验研究[D].杭州:浙江工业大学,2016.

[12] 丁进炜.碳化再生细骨料对再生混凝土抗压强度的影响[J].福建工程学院学报,2019,17(1):13-16.

[13] 方圆集团,山东建筑工程学院.建设机械设计制造与应用[M].北京:人民交通出版社,2001.

[14] 付文堂.掺加氧化石墨烯对水泥基材料的性能影响研究[D].广州:广州大学,2020.

[15] 顾智瑞.刍议混凝土技术可持续发展难题及如何化解[J].建材与装饰,2014(41):33-34.

[16] 官正梅.技术研讨,为企业架设解决技术难题的桥梁:重庆市建筑科学研究院举行第六届混凝土应用技术研讨会[J].重庆建筑,2010,9(1):45.

[17] 郭海贞.基于等强度持续负温(—5 ℃)下 C30 混凝土性能劣化演变规律研究[D].兰州:兰州交通大学,2020.

[18] 郭惠玲.聚丙烯酸系高效减水剂的合成及其性能研究[D].武汉:武汉理工大学,2006.

[19] 郭英,赵晶,张泽雨.混凝土与建筑材料的可持续发展[J].建材发展导向(下),2015(11):260.

[20] 韩建德,孙伟,潘钢华.混凝土碳化反应理论模型的研究现状及展望[J].硅酸盐学报,2012,40(8):1143-1153.

[21] 何民宇,刘维燥,刘清才,等.CO_2 矿物封存技术研究进展[J].化工进展,2022,41(4):1825-1833.

[22] 贺凯.CO_2 海洋封存联合可燃冰开采技术展望[J].现代化工,2018(4):1-4.

[23] 胡亦杰.粉煤灰地聚合物力学及耐高温性能研究[D].徐州:中国矿业大学,2017.

[24] 黄国栋.碱激发 MSWI 底灰的改性增强与抗碳化能力研究

[D].徐州:中国矿业大学,2018.

[25] 黄浩,王涛,方梦祥.二氧化碳矿化养护混凝土技术及新型材料研究进展[J].化工进展,2019,38(10):4363-4373.

[26] 黄华县.海砂混凝土氯离子的固化[J].腐蚀与防护,2012,33(5):415-418.

[27] 黄健.基于商品混凝土行业人才需求的职业核心能力培养的课程建设研究[J].中外企业家,2016(13):213-214.

[28] 黄蕴元.混凝土材料科学研究中的若干进展(下)[J].混凝土世界,2016(8):42-50.

[29] 姬永生,张领雷,马会荣,等.混凝土碳化反应区域界定的试验研究及机理分析[J].建筑材料学报,2012,15(5):624-628.

[30] 焦德贵,孙立波,邓日新.海洋世界地下连续墙结构施工[J].建筑技术,1999,30(3):182.

[31] 康明,邓鹏翔,林宗寿,等.混凝土循环利用及其对环境影响的初探[J].建筑材料学报,2000,3(4):376-381.

[32] 柯娟娟,袁祥勇.碳达峰与碳中和目标下碳会计治理模式研究[J].经济师,2022(7):78-79.

[33] 李传习,聂洁,冯峥,等.振动搅拌对超高性能混凝土施工及力学性能影响[J].硅酸盐通报,2019,38(8):2586-2594.

[34] 李建永.浅析混凝土装配式住宅建筑施工技术优势[J].建筑·建材·装饰,2022(1):87-89.

[35] 李兰兰,叶坤,郭会荣,等.矿物封存二氧化碳实验研究进展[J].资源与产业,2013,15(2):117-123.

[36] 李林坤,刘琦,马忠诚,等.二氧化碳矿化强化混凝土再生骨料性能研究进展[J].热力发电,2021,50(1):94-103.

[37] 李平日,侯日平.全球气候变暖及其对大环境的影响[J].人民长江,2000,31(3):1-5.

[38] 李兆恒,杨永民,蔡杰龙,等.混凝土碳化区和非碳化区微观结构的研究[J].广东水利电力职业技术学院学报,2016,14(3):1-7.

[39] 李治平.混凝土搅拌输送车搅拌筒及其螺旋搅拌叶片的设计[J].建筑机械,1987(1):21-24.

[40] 李智广,王海燕,王隽雄.碳达峰与碳中和目标下水土保持碳汇的机理、途径及特征[J].水土保持通报,2022,42(3):312-317.

[41] 林伯强,姚昕,刘希颖.节能和碳排放约束下的中国能源结构战略调整[J].Social Sciences in China,2010,31(2):91-110.

[42] 刘文武,李超,刘家荣,等.二氧化碳地质封存钻探关键技术研究[J].矿产勘查,2023,14(4):625-630.

[43] 刘豫,史才军,焦登武,等.新拌水泥基材料的流变特性、模型和测试研究进展[J].硅酸盐学报,2017,45(5):708-716.

[44] 马保国,董荣珍,许永和,等.硅酸盐水泥初始水化流变特性与结构形成研究[J].铁道科学与工程学报,2004,1(2):26-29.

[45] 马彩霞.基于应用型人才培养的钢筋混凝土课程教学改革[J].教育与职业,2013(33):150-151.

[46] 马劲风,杨杨,蔡博峰,等.不同类型二氧化碳地质封存项目的环境监测问题与监测范围[J].环境工程,2018,36(2):10-14.

[47] 马昆林,冯金,龙广成,等.水泥-粉煤灰浆体流变特性及其机理研究[J].铁道科学与工程学报,2017,14(3):465-472.

[48] 彭艳周,肖蓟,高德军,等.人工砂中石粉含量对水泥砂浆性能的影响[J].混凝土,2018(5):102-105.

[49] 彭逸明,马昆林,于连山,等.新拌水泥浆体在不同流变模型下流变参数表征适用性研究[J].铁道科学与工程学报,

2021,18(4):934-941.

[50] 齐武.再生混凝土抗碳化因素研究[D].杭州:浙江科技学院,2018.

[51] 秦睿,王瑞骏,赖韩,等.掺粉煤灰再生混凝土宏观及微观碳化性能研究[J].水资源与水工程学报,2018,29(4):202-207.

[52] 邱岗.再生混凝土碳排放评价[J].江苏建材,2023(6):46-49.

[53] 任广宇,何佳泓,郭骅山,等.生物混凝土封存二氧化碳及其机理研究进展[J].工业微生物,2023,53(5):77-82.

[54] 邵一心,MONKMAN SEAN,TRAN STANLEY.混凝土基本组分吸收二氧化碳的能力[J].硅酸盐学报,2010,38(9):1645-1651.

[55] 沈卫国,蔡智,刘志民,等.浅谈水泥混凝土工业低二氧化碳排放技术[J].新世纪水泥导报,2008,14(4):1-6.

[56] 史才军,王吉云,涂贞军,等.CO_2养护混凝土技术研究进展[J].材料导报,2017,31(5):134-138.

[57] 史才军,邹庆焱,何富强.二氧化碳养护混凝土的动力学研究[J].硅酸盐学报,2010,38(7):1179-1184.

[58] 宋华,牛荻涛,李春晖.矿物掺合料混凝土碳化性能试验研究[J].硅酸盐学报,2009,37(12):2066-2070.

[59] 孙强,张一鸣,陈明.可持续混凝土发展技术手段及原则[J].建筑工程技术与设计,2017(12):6081.

[60] 孙一夫,李凤军,何文,等.二氧化碳矿化养护加气混凝土试验研究[J].洁净煤技术,2021,27(2):237-245.

[61] 陶有生.加气混凝土节能环保效益分析[J].墙材革新与建筑节能,2005(3):20-22.

[62] 田辉,郭辛阳,宋雨媛,等.基于化学热力学的耐二氧化碳腐

蚀水泥水化产物控制[J].钻采工艺,2021,44(2):86-89.

[63] 王刚.聚焦预拌混凝土进入环保时代[J].建设机械技术与管理,2013,26(3):22-24.

[64] 王林.粘土矿物对聚羧酸减水剂性能的影响及机理研究[D].北京:中国矿业大学(北京),2014.

[65] 王青,刘星,徐港,等.混凝土碳化深度酚酞与pH测试值的相关性研究[J].混凝土,2016(4):13-16.

[66] 王庆华.火力发电企业碳排放成本核算研究[J].低碳世界,2019,9(8):142-143.

[67] 王天双.−3℃养护下钻孔灌注桩等强度混凝土微观性能演变规律研究[D].兰州:兰州交通大学,2020.

[68] 王燕桂,刘志洋,汪胜.混凝土密封固化剂耐磨地坪整体施工技术[J].安徽建筑,2015,22(5):80.

[69] 王子明,崔晔婷,王志宏,等.脂肪族高效减水剂的吸附特征与作用机理[J].武汉理工大学学报,2005,27(9):42-45.

[70] 王子明."水泥-水-高效减水剂"系统的界面化学现象与流变性能[D].北京:北京工业大学,2006.

[71] 吴红梅,田一鸣,杨昕怡.碳达峰、碳中和目标下中国企业碳减排实施进展及对策建议[J].环境保护,2023,51(24):50-55.

[72] 夏京亮,王晶,冷发光.低碳混凝土发展路径和混凝土碳排放计算[J].新型建筑材料,2023,50(11):24-26.

[73] 肖佳,王大富,何彦琪,等.石灰石粉细度对水泥浆体流变性能的影响[J].建筑材料学报,2017,20(4):501-505.

[74] 肖宇,吴水根,肖建庄,等.绿色混凝土的碳排放分析[J].建筑施工,2019,41(2):312-317.

[75] 邢琳琳.钢渣稳定性与钢渣粗骨料混凝土的试验研究[D].西安:西安建筑科技大学,2012.

［76］徐家和.建筑施工实例应用手册-2［M］.北京：中国建筑工业
出版社,1998.

［77］徐金声,薛立红.现代预应力混凝土楼盖结构［M］.北京：中
国建筑工业出版社,1998.

［78］徐卓,龙帮云.开发利用再生混凝土走可持续发展的道路
［J］.中外建筑,2004(2):197-199.

［79］杨立波,陈永平,张程宾,等.受限 Lennard-Jones 流体自扩
散系数的分子动力学模拟［J］.东南大学学报(自然科学版),
2011,41(2):317-320.

［80］杨尚进,董同冈.混凝土材料的完全循环利用技术［J］.中国
建材科技,2003,12(5):20-23.

［81］于航,刘强,于广欣.欧洲油气公司 2050 年净零碳排放战略
目标浅析［J］.国际石油经济,2020,28(10):31-36.

［82］袁岚.扩大行业社会影响力争取产业政策支持加快行业转型
升级加强协会各项建设［J］.混凝土世界,2016(11):33-35.

［83］袁宁宁,李善吉,谢鹏波,等.富含二氧化碳工业废气关键处
理技术开发的研究背景与意义［J］.山东化工,2019,48(22):
252-253.

［84］苑阳.高性能混凝土在道路桥梁施工中的应用［J］.城市建设
理论研究(电子版),2016(5):10.3969/j.issn.2095-2104.
2016.05.208.

［85］张大康.水泥净浆流动度与混凝土流变性能相关性试验［J］.
水泥,2006(1):12-15.

［86］张建,董国明.海洋封存二氧化碳最佳注入深度与液滴大小
［J］.武汉大学学报(工学版),2012,45(6):828-832.

［87］张科强.粉煤灰超声细化正交试验研究［J］.混凝土,2005
(12):58-59.

［88］张平,王曙光,韩建德,等.静力荷载作用下混凝土抗碳化性

能及微观结构演化[J].混凝土,2017(10):45-51.

[89] 张志雄,谢健,戚继红,等.地质封存二氧化碳沿断层泄漏数值模拟研究[J].水文地质工程地质,2018,45(2):109-116.

[90] 赵鹏.关于高性能混凝土质量的控制方法分析[J].建筑·建材·装饰,2019(1):186.

[91] 郑大锋,邱学青,楼宏铭.减水剂对新拌水泥浆体流变性能的影响研究[J].混凝土,2007(10):51-53.

[92] 中国建筑材料联合会.水泥胶砂强度检验方法(ISO 法):GB/T 17671—2021[S].北京:中国标准出版社,2021.

[93] 周军文.应用型人才培养体系中"混凝土结构"课程的教学改革探索[J].常州工学院学报,2007,20(1):85-87.

[94] 周群,周堂贵.高性能混凝土对水泥品质特征的要求[J].水泥,2006(10):12-14.

[95] 邹娟.一般大气环境下混凝土桥梁耐久性研究和维护策略优化[D].长沙:湖南大学,2009.

[96] ANBALAGAN A,TOLEDO-CERVANTES A,POSADAS E,et al. Continuous photosynthetic abatement of CO_2 and volatile organic compounds from exhaust gas coupled to wastewater treatment:evaluation of tubular algal-bacterial photobioreactor[J]. Journal of CO_2 utilization,2017,21:353-359.

[97] BRUMAUD C,BAUMANN R,SCHMITZ M,et al. Cellulose ethers and yield stress of cement pastes[J]. Cement and concrete research,2014,55:14-21.

[98] BULLARD J W,JENNINGS H M,L IVINGSTON R A,et al. Mechanisms of cement hydration[J]. Cement and concrete research,2011,41(12):1208-1223.

[99] CHANDRASEKHARAM D, RANJITH PATHEGAMA

G. CO_2 emissions from renewables: solar pv, hydrothermal and EGS sources[J]. Geomechanics and geophysics for geo-energy and geo-resources, 2019, 6(1): 13.

[100] CHEN T F, BAI M J, GAO X J. Carbonation curing of cement mortars incorporating carbonated fly ash for performance improvement and CO_2 sequestration[J]. Journal of CO_2 utilization, 2021, 51: 101633.

[101] CHOI H J, OH T, KIM G W, et al. Development of Carbon Consuming Concrete (CCC) using CO_2 captured nanobubble water[J]. Construction and building materials, 2024, 432: 136510.

[102] COURTIAL M, DE NOIRFONTAINE M N, DUNSTETTER F, et al. Effect of polycarboxylate and crushed quartz in UHPC: microstructural investigation[J]. Construction and building materials, 2013, 44: 699-705.

[103] DIETZEL M. Measurement of the stable carbon isotopes in calcite sinters on concrete[J]. Zkg international, 2000, 53(9): 544-548.

[104] DOS REIS G S, CAZACLIU B, ARTONI R, et al. Coupling of attrition and accelerated carbonation for CO_2 sequestration in recycled concrete aggregates[J]. Cleaner engineering and technology, 2021, 3: 100106.

[105] DUAN P, YAN C J, ZHOU W. Effects of calcined layered double hydroxides on carbonation of concrete containing fly ash[J]. Construction and building materials, 2018, 160: 725-732.

[106] FANG Y F, CHANG J. Microstructure changes of waste hydrated cement paste induced by accelerated carbonation

[J]. Construction and building materials, 2015, 76: 360-365.

[107] FASOLI E. The possibilities for nongovernmental organizations promoting environmental protection to claim damages in relation to the environment in France, Italy, the Netherlands and Portugal[J]. Review of european, Comparative & international environmental law, 2017, 26(1): 30-37.

[108] FERNÁNDEZ-CARRASCO L, RIUS J, MIRAVITLLES C. Supercritical carbonation of calcium aluminate cement [J]. Cement and concrete research, 2008, 38 (8/9): 1033-1037.

[109] FLOWER D J M, SANJAYAN J G. Green house gas emissions due to concrete manufacture[J]. The international journal of life cycle assessment, 2007, 12(5): 282-288.

[110] G ANJIAN E, EHSANI A, MASON T J, et al. Application of power ultrasound to cementitious materials: advances, issues and perspectives[J]. Materials & design, 2018, 160: 503-513.

[111] GREN I M, AKLILU A Z. Policy design for forest carbon sequestration: a review of the literature[J]. Forest policy and economics, 2016, 70: 128-136.

[112] GWON WON S, SHIN M. Rheological properties of cement pastes with cellulose microfibers[J]. Journal of materials research and technology, 2021, 10: 808-818.

[113] HU Z S, SHAO M H, LI H Y, et al. Mg^{2+} content control of aragonite whisker synthesised from calcium hydroxide and carbon dioxide in presence of magnesium chloride[J].

Materials science and technology, 2008, 24 (12): 1438-1443.

[114] IIZUKA A, HO H J, SASAKI T, et al. Comparative study of acid mine drainage neutralization by calcium hydroxide and concrete sludge-derived material[J]. Minerals engineering, 2022, 188: 107819.

[115] JOHANSSON K, JOSEPHSSON S, LILJA M. Creating possibilities for action in the presence of environmental barriers in the process of 'ageing in place'[J]. Ageing and society, 2009, 29(1): 49-70.

[116] KHARUN M, NIKOLENKO Y V, STASHEVSKAYA N A, et al. Thermal treatment of self-compacting concrete in cast-in situ construction[J]. Key engineering materials, 2017, 753: 315-320.

[117] KIM B G, JIANG S P, JOLICOEUR C, et al. The adsorption behavior of PNS superplasticizer and its relation to fluidity of cement paste [J]. Cement and concrete research, 2000, 30(6): 887-893.

[118] KLUS L, SVOBODA J, VÁCLAVIK V, et al. The effect of CO_2 on cement composites produced with an admixture of waste sludge water from a concrete plant[J]. Selected scientific papers-journal of civil engineering, 2019, 14(1): 39-46.

[119] LEY-HERNÁNDEZ A M, FEYS D. Effect of sedimentation on the rheological properties of cement pastes[J]. Materials and structures, 2021, 54(1): 47.

[120] LIU H X, TAO H Y, HAN X D, et al. Effect of concrete mixing plant sludge powder on properties of ultra-high

performance concrete[J]. Materials express,2023,13(4):
662-669.

[121] LIU W,LI Y Q,TANG L P,et al. XRD and ^{29}Si MAS
NMR study on carbonated cement paste under accelerated
carbonation using different concentration of CO_2[J]. Ma-
terials today communications,2019,19:464-470.

[122] LI Z,QIAN J S,QIN J H,et al. Cementitious and harden-
ing properties of magnesia (MgO) under ambient curing
conditions [J]. Cement and concrete research, 2023,
170:107184.

[123] LU L L,OUYANG D. Properties of cement mortar and
ultra-high strength concrete incorporating graphene oxide
nanosheets[J]. Nanomaterials,2017,7(7):187.

[124] MA B G,PENG Y,TAN H B,et al. Effect of hydroxypro-
pyl-methyl cellulose ether on rheology of cement paste
plasticized by polycarboxylate superplasticizer[J]. Con-
struction and building materials,2018,160:341-350.

[125] MARASENI T N,COCKFIELD G,MAROULIS J,et al.
An assessment of greenhouse gas emissions from the Aus-
tralian vegetables industry[J]. Journal of environmental
science and health part B,pesticides,food contaminants,
and agricultural wastes,2010,45(6):578-588.

[126] MONKMAN S,SHAO Y X. Assessing the carbonation
behavior of cementitious materials[J]. Journal of materials
in civil engineering,2006,18(6):768-776.

[127] MONKMAN S,SHAO Y X. Carbonation curing of slag-
cement concrete for binding CO_2 and improving perform-
ance[J]. Journal of materials in civil engineering,2010,22

(4):296-304.

[128] NGUYEN V S,ROUXEL D,VINCENT B. Dispersion of nanoparticles:from organic solvents to polymer solutions [J]. Ultrasonics sonochemistry,2014,21(1):149-153.

[129] OTSUKI N,MIYAZATO S I,YODSUDJAI W. Influence of recycled aggregate on interfacial transition zone, strength,chloride penetration and carbonation of concrete [J].Journal of materials in civil engineering,2003,15(5): 443-451.

[130] PETROMAN C,PANICI G,PANDURU E,et al. New possibilities for improving the environmental management risk in swine farms[J]. Journal of biotechnology,2019, 305:S74.

[131] PLANK J,SCHONLEIN M,KANCHANASON V. Study on the early crystallization of calcium silicate hydrate (C-S-H) in the presence of polycarboxylate superplasticizers [J]. Journal of organometallic chemistry, 2018, 869: 227-232.

[132] QIAO C Y,SURANENI P,TSUI CHANG M,et al. The influence of calcium chloride on flexural strength of cement-based materials[M]//High Tech Concrete:Where Technology and Engineering Meet. Cham:Springer International Publishing,2017:2041-2048.

[133] READE L. Smart moves[Concrete Innovation][J]. Engineering & technology,2022,17(3):34-37.

[134] SCHOENLEIN M,PLANK J. A TEM study on the very early crystallization of C-S-H in the presence of polycarboxylate superplasticizers:transformation from initial C-S-

H globules to nanofoils[J]. Cement and concrete research,2018,106:33-39.

[135] SERRES N,BRAYMAND S,FEUGEAS F. Environmental evaluation of concrete made from recycled concrete aggregate implementing life cycle assessment[J]. Journal of building engineering,2016,5:24-33.

[136] SHAO Y X,MORSHED A Z. Early carbonation for hollow-core concrete slab curing and carbon dioxide recycling [J]. Materials and structures,2015,48(1/2):307-319.

[137] SINKHONDE D, BEZABIH T. On the computational evaluation of carbon dioxide emissions of concrete mixes incorporating waste materials:a strength-based approach [J]. Cleaner waste systems,2024,8:100149.

[138] SMITH K G. Innovation in earthquake resistant concrete structure design philosophies;a century of progress since Hennebique's patent[J]. Engineering structures,2001,23 (1):72-81.

[139] SOUTO-MARTINEZ A,DELESKY E A,FOSTER K E O,et al. A mathematical model for predicting the carbon sequestration potential of ordinary Portland cement (OPC) concrete[J]. Construction and building materials, 2017,147:417-427.

[140] TAM V W Y,BUTERA A,LE K N. Microstructure and chemical properties for CO_2 concrete[J]. Construction and building materials,2020,262:120584.

[141] TOPLICIC-CURCIC G,GRDIC D,RISTIC N,et al. Environmental importance,composition and properties of pervious concrete[J]. Gradjevinski materijali i konstrukcije,

2016,59(2):15-27.

[142] TURNER L K,COLLINS F G. Carbon dioxide equivalent (CO$_2$-e) emissions:a comparison between geopolymer and OPC cement concrete[J]. Construction and building materials,2013,43:125-130.

[143] VANDENBERG A, WILLE K. Evaluation of resonance acoustic mixing technology using ultra high performance concrete[J]. Construction and building materials,2018,164:716-730.

[144] VERG\'E X P C,DYER J A,DESJARDINS R L,et al. Greenhouse gas emissions from the Canadian dairy industry in 2001 [J]. Agricultural systems, 2007, 94 (3): 683-693.

[145] WESSELING J H, VAN DER VOOREN A. Lock-in of mature innovation systems: the transformation toward clean concrete in the Netherlands[J]. Journal of cleaner production,2017,155:114-124.

[146] WINNEFELD F,BECKER S,PAKUSCH J,et al. Effects of the molecular architecture of comb-shaped superplasticizers on their performance in cementitious systems[J]. Cement and concrete composites,2007,29(4):251-262.

[147] WU P,LOW S P. Lean management and low carbon emissions in precast concrete factories in Singapore[J]. Journal of architectural engineering,2012,18(2):176-186.

[148] XIONG G Q,WANG C,ZHOU S,et al. Preparation of high strength lightweight aggregate concrete with the vibration mixing process[J]. Construction and building materials,2019,229:116936.

[149] YAMADA K,OGAWA S,HANEHARA S. Controlling of the adsorption and dispersing force of polycarboxylate-type superplasticizer by sulfate ion concentration in aqueous phase[J]. Cement and concrete research,2001,31(3): 375-383.

[150] YI Z W,WANG T,GUO R N. Sustainable building material from CO_2 mineralization slag:aggregate for concretes and effect of CO_2 curing[J]. Journal of CO_2 utilization, 2020,40:101196.

[151] ZHANG X B,DENG S C,QIN Y H. Additional adsorbed water in recycled concrete[J]. Journal of Central South University of Technology,2007,14(1):449-453.